AF218297

Estrellería

Estrellería

Viajes de descubrimiento
por la constelación de Tauro
y las Pléyades

Lluís Vergés

Plataforma
Editorial

Primera edición en esta colección: junio de 2025

© Lluís Vergés, 2025
© de la presente edición: Plataforma Editorial, 2025

Plataforma Editorial
c/ Muntaner, 269, entlo. 1.ª – 08021 Barcelona
Tel.: (+34) 93 494 79 99
www.plataformaeditorial.com
info@plataformaeditorial.com

Depósito legal: B 8702-2025
ISBN: 979-13-87568-78-8
IBIC: PDZ

Printed in Spain – Impreso en España

Diseño de cubierta:
Antonio F. López

Realización de cubierta:
Grafime, S.L.

Fotocomposición:
gama, sl

El papel que se ha utilizado para imprimir este libro proviene
de explotaciones forestales controladas, donde se respetan
los valores ecológicos y sociales, y el desarrollo sostenible del bosque.

Impresión:
Romanyà Valls
Capellades (Barcelona)

Reservados todos los derechos. Quedan rigurosamente prohibidas,
sin la autorización escrita de los titulares del *copyright*, bajo las sanciones establecidas
en las leyes, la reproducción total o parcial de esta obra por cualquier medio o procedimiento,
comprendidos la reprografía y el tratamiento informático, y la distribución de ejemplares
de ella mediante alquiler o préstamo públicos. Si necesita fotocopiar o reproducir
algún fragmento de esta obra, diríjase al editor o a CEDRO (www.cedro.org).

Desestimando las cosas terrenales me entregué a la contemplación de las celestes...

La gaceta sideral,
GALILEO GALILEI

Ven, noche gentil, noche tierna y sombría,
dame a mi Romeo y, cuando yo muera,
córtalo en mil estrellas menudas:
lucirá tan hermoso el firmamento
que el mundo, enamorado de la noche,
dejará de adorar al sol hiriente.

Romeo y Julieta,
WILLIAM SHAKESPEARE

Índice

Carta al lector |

Amigo lector, empieza a preparar tu equipaje para iniciar un viaje ilustrado. Transcurre por diferentes épocas y lugares, sus caminos están en tierra y en la mar, pero su destino final son las estrellas, en concreto una constelación que conserva el nombre que le pusieron los antiguos griegos.

Estrellería es la pequeña historia de un toro que vive en el cielo desde hace más de diecisiete mil años, un grupo de estrellas en el que los humanos creyeron ver un bóvido de largos cuernos. Desde los tiempos clásicos lo llamamos Tauro. Las historias no empiezan siempre desde el principio, y esta tampoco lo hará, pues está afectada por una relatividad especial. Esa fuerza cósmica nos llevará a viajar de un punto a otro, de un tiempo a un destiempo, de las cuevas de Lascaux a Padua, de Salamanca a Arlés, de Kaifeng, en China, a Los Ángeles, en California. Disfrutaremos de la compañía de algunos de los pocos sabios que en el mundo han sido, personajes como Eratóstenes, Ptolomeo, Galileo, Halley, Eddington, así como escritores y artistas como Omar Jayan, Van Gogh o Sylvia Plath.

A través de este periplo en busca de Aldebarán, las Híades, las Pléyades o la nebulosa del Cangrejo podremos ver cómo, más por azar que por necesidad, se hicieron algunos de los descubrimientos claves para nuestra actual compresión del Cosmos. Para no perdernos en el firmamento atenderemos a las lecciones de los astrónomos que nos enseñan cómo orientarnos con las constelaciones.

En nuestro viaje alrededor de Tauro buscaremos algunas estrellas perceptibles a simple vista y trataremos de averiguar quién les puso sus nombres. Nos ocuparemos de algunas de las fantásticas historias que la mitología nos cuenta sobre el origen de las constelaciones. Historias de gigantes forzudos, de cazadores castigados, toros vengadores, dioses abusadores y hasta de siete jóvenes hermanas perseguidas.

Nos citaremos en Nápoles y en Marrakech con el titán que sostiene nuestro planeta, conoceremos antiquísimas leyendas estelares que, sorprendentemente, parecen repetirse en culturas muy diversas y, antes de nuestro regreso, trataremos de sacar a la luz al villano que amenaza nuestras noches estrelladas. Preparémonos, nuestra primera salida será a la noche de los tiempos.

1.
Los estrelleros

Los primeros humanos debían de experimentar una sensación de misterio y sobrecogimiento ante la inmensidad del cielo estrellado, a la que posiblemente se sumaría el temor a la oscuridad. Nosotros, la mayoría habitantes de grandes ciudades dominadas por las luces eléctricas, solo podemos contemplar el firmamento de nuestros antepasados en los momentos en que nos alejamos de las urbes y huimos de su contaminación lumínica. Excepto en los días nublados o de luna llena, nuestros remotos ancestros veían siempre un inmenso mar de luceros que centelleaban en la oscuridad. Observaron que las estrellas formaban caprichosas agrupaciones en el firmamento, algunas parecían dioses o animales. Poco a poco, en diferentes lugares de la Tierra les pusieron nombres y les atribuyeron algún significado.

El inglés tiene una palabra preciosa de la que nosotros carecemos, *stargazer*, con la que se designa a un observador de estrellas. Sin embargo, en español podemos utilizar un antiguo término: 'estrellero', con el que fue conocido también el rey Alfonso X el Sabio. El Diccionario de la Real Academia otorga hoy a esa palabra la acepción de 'astrólogo', pero en el *Diccionario de americanismos* de la Asociación de Academias de la Lengua Española cobra otro significado: «Estrellero-a. Referido a persona, que mira siempre al cielo».

En otra entrada, el glosario académico del español recoge la palabra «estrellería» con el significado de astrología. Aquí, con la venia de la Real, ampliaremos su definición para que denomine también el arte de mirar las estrellas.

Figura 1. Muchas antiguas culturas creían que las estrellas eran dioses y marcaban el destino de los humanos. Descubrieron que su observación era muy útil como calendario y para determinadas actividades prácticas como la agricultura y la navegación. Esta imagen de Antoni Cladera está tomada en la Naveta des Tudons, en Menorca, en un momento en que la Vía Láctea se muestra con todo su esplendor en el firmamento. Cladera es uno de los desarrolladores de PhotoPills, una aplicación telefónica que, entre otros usos, permite calcular dónde estarán los astros en un momento y lugar determinados.

Los primitivos estrelleros llegaron a darse cuenta de la regularidad del paisaje celestial nocturno. Excepto la Luna, que seguía su propio ciclo, y algunos astros errantes, los miles de puntos luminosos permanecían cada día y a la misma hora casi en las mismas posiciones. Los observadores más atentos notaron que al correr la noche los luceros se desplazaban (en el hemisferio norte) siguiendo un recorrido semicircular de este a oeste similar al del Sol.

Descubrieron que casi imperceptiblemente el mapa del firmamento iba cambiando a lo largo de las estaciones: algunas constelaciones desaparecían de la vista mientras otras empezaban a asomar. Al tratarse de un ciclo que se repetía, tal sucesión de paisajes celestes era muy útil como calendario para determinar las mejores épocas para la caza, las cosechas o la ruta más idónea para navegar el ancho mar.

Dos importantes puntos de referencia de la estrellería de todos los tiempos y lugares fueron Aldebarán y las Pléyades.

2.
Un reflejo del pasado

Constelación de Tauro

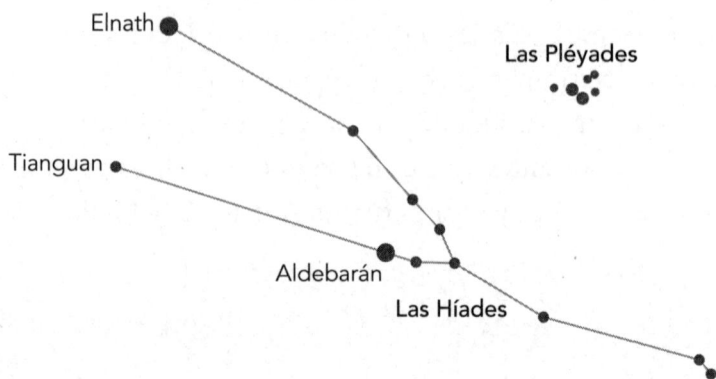

Figura 2. La constelación de Tauro tal como se reproduce en los mapas celestes. En la realidad no es fácil distinguirla tal cual, aunque Aldebarán y las Pléyades son fácilmente identificables.

En la noche invernal, hacia octubre, aparece en los cielos la constelación zodiacal de Tauro. Tiene forma de tirachinas, de varita de zahorí o, por supuesto, de los cuernos de un bóvido. Apenas una docena de estrellas trazan la silueta de la cornamenta, pero los luceros vecinos también pertenecen a Tauro. El astrónomo alemán del siglo XIX Friedrich Argelander afirmaba que a simple vista podía distinguir hasta 121 estrellas. Su colega Eduard Heis le rebatió contando 188.

La más brillante de todas es Aldebarán, que en los antiguos atlas astronómicos se representaba como el ojo del Toro. El método más fácil para identificarla es buscar la vecina constelación de Orión, el cazador, cuya llamativa silueta en forma de antigua cafetera casera o de reloj de arena destaca en el cielo de invierno y de primavera. En el centro de Orión, que para el astrónomo Camille Flammarion es la constelación más bella de todo el cielo, hay tres estrellas conocidas como «el cinturón del cazador» aunque también las llaman las tres Marías, las tres Magas o los tres Reyes. Este trío estelar apunta en una ligera curva hacia Aldebarán, que en el hemisferio norte se halla a su derecha. Si seguimos esa línea imaginaria encontramos a continuación a las Pléyades, de las que Muhámmad al-Mu'tamid, poeta y último rey de Sevilla, dijo que cuando descendían de su horizonte eran como un ramo de jazmín en flor.

Lo que vemos al mirar hacia las tres brillantes hechiceras de Orión es su destello de hace unos 1.500 años, pues esa es la distancia en años luz a la que se encuentran de la Tierra. Para llegar hasta nuestros ojos su brillo empezó a viajar a principios de la Edad Media. El cielo estrellado es un reflejo del pasado.

Figura 3. La potente constelación de Orión (en el centro de la imagen tomada en la Cala de Sa Mesquida) es la mejor referencia para identificar Tauro y Aldebarán. Marga Pons Castejón, autora de esta bella instantánea, ha ganado diversos certámenes fotográficos, entre ellos el subcampeonato del mundo en la 29th Bienal de Francia 2021 con una serie de la Vía Láctea.

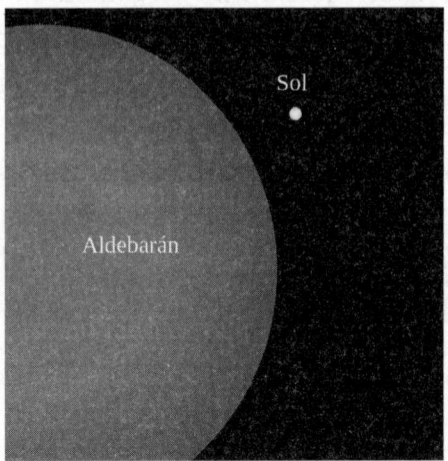

Figura 4. Comparación de los tamaños de Aldebarán y nuestro Sol. Hay estrellas más cercanas a la Tierra que por su menor tamaño y brillo no son visibles como sí lo es el ojo de Tauro. La estrella es una gigante roja, lo que significa que ha agotado el suministro de hidrógeno en su núcleo y ha iniciado la fusión termonuclear de helio en una envoltura que rodea al núcleo. Como consecuencia aumenta el tamaño de la estrella y su superficie se enfría, por lo que se ve de color anaranjado.

Desde una distancia de aproximadamente 65 años luz vemos con nitidez Aldebarán gracias a su enorme tamaño. Su radio es de unas 44 veces el de nuestro Sol, y es unas 400 veces más luminosa.

La gigante roja del toro celeste no solo ha atraído la atención de los observadores de estrellas desde la noche de los tiempos, sino que también ha sido el pilar de grandes avances astronómicos. En árabe su nombre es الدبران, *al-dabarān*, que significa «la que sigue», posiblemente porque en su recorrido nocturno a través del cielo parece ir detrás del cúmulo de las Pléyades. Siguiendo su rastro nos vamos a encontrar cosas maravillosas: la epopeya más antigua del mundo, un capitán de barco cazador de cometas, una obra maestra de la pintura o la demostración empírica de la teoría de Einstein. Pero antes de meternos en esas profundidades, vamos a hacer la segunda escala de nuestro viaje en el sur de Francia y retroceder en el tiempo hasta el año 1940.

3.
Estrellas en la Dordoña

En aquel trágico año de 1940 la mayor parte del país francés había sido ocupado por el ejército nazi. Un domingo de septiembre cuatro chicos y un perro paseaban por la colina de Lascaux, en la región de Dordoña, a la que no habían llegado todavía los alemanes. Robot, el can, se mete dentro de un agujero, casi oculto por un árbol caído tras una tormenta. Su amo, Marcel Ravidat, un joven aprendiz de mecánico de 17 años, observa la oquedad y ve que parece ser bastante profunda. Sugestionado por las leyendas de un tesoro escondido, el siguiente jueves regresa al lugar junto con otros compañeros: Jacques Marsal (14 años), hijo de la propietaria de un restaurante; Georges Agniel (17 años), de vacaciones en casa de su abuela, y Simon Coencas (13 años), un joven judío refugiado con su familia que huye de los alemanes. Los cuatro amigos excavan el agujero hasta que pueden introducirse acompañados de sus linternas. Como en un cuento de hadas descubren que la cueva está llena de pinturas extraordinarias; decenas de caballos, ciervos y uros pueblan ese mundo subterráneo. Tras explorar la gruta durante un par de días deciden comunicar su hallazgo a León Laval, un maestro jubilado de Montignac, el pueblo más cercano a Lascaux.

Por una coincidencia asombrosa, el abate Henri Breuil, la mayor autoridad en arte paleolítico en la primera mitad del siglo xx, se encontraba residiendo en la casa de un antiguo compañero de seminario, en la cercana ciudad de Brive-la-Gaillarde, a apenas a 25 kilómetros de Lascaux, cuando se produjo el descubrimiento de los cuatro amigos.

Breuil, titular de la primera cátedra de Prehistoria en el Collège de France, había huido de París cuando entró el ejército alemán. Llegó a Brive en un coche de alquiler en compañía de sus papeles, sus libros, algunos cráneos humanos fósiles y cerámicas del Paleolítico. El 21 de septiembre de 1940 el maestro Laval le habló del descubrimiento en la cueva. Era sin duda el hombre adecuado: su peritaje en 1902 había sido ya decisivo para confirmar la autenticidad de las pinturas de Altamira, en contra de la que se había pronunciado su compatriota Émile Cartailhac. El propio Henri Breuil había llevado a cabo el descubrimiento de pinturas paleolíticas en otras cavidades en Les Combarelles y la Font de Gaume. El abate se trasladó a Montignac y estuvo tres meses sin salir de aquel fascinante submundo.

La gruta que exploraba mide unos ochenta metros de longitud y en su interior se han catalogado cerca de dos mil pinturas y grabados, de los que casi la mitad son de animales.

Entre esos espléndidos dibujos se encuentra la figura de una hembra de toro o de uro cuyo ojo está rodeado de puntos. Algunos arqueólogos, como el alemán Michael Rappenglück, creen que se trata de una representación de la constelación de Tauro.

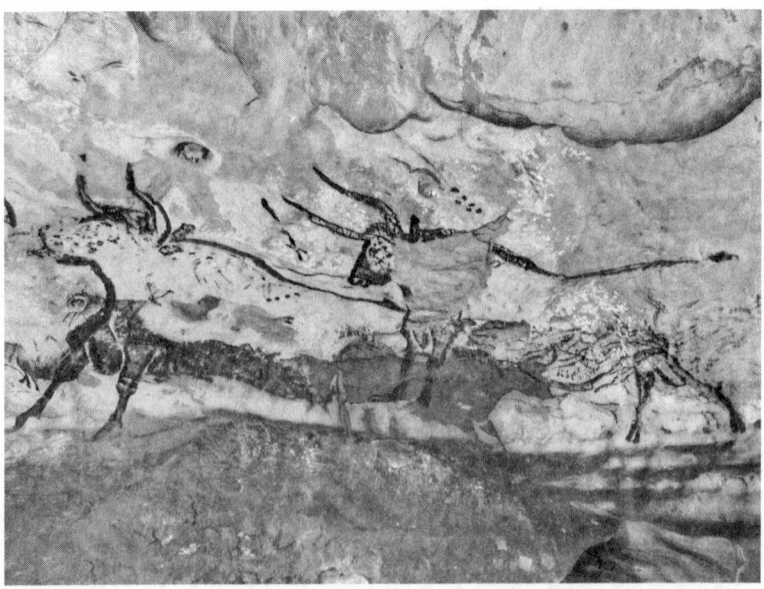

Figura 5. Algunos arqueólogos señalan que el toro situado a la derecha de esta imagen es una representación de la constelación de Tauro. El ojo correspondería a Aldebarán y los siete puntos situados sobre el lomo a la derecha serían las Pléyades.

Estas imágenes fueron pintadas por habitantes del Paleolítico Superior pertenecientes a la llamada Cultura Magdaleniense. La datación científica de los restos de un asta de reno hallada en el interior de la cavidad indica que poseen una antigüedad de entre 17.000 o 18.600 años.

Si viajamos mentalmente en el tiempo e imaginamos el espectáculo del cielo nocturno en esa época remota, es fácil figurarse la fascinación que el panorama de un fondo negro repleto de pequeñas lucecitas ejercía entre los humanos. Igualmente, impresionantes son esas pinturas de Lascaux, que se disputan con Altamira la consideración de ser la Capilla Sixtina de la Prehistoria. Todo parece indicar que era un antiguo santuario, aunque nunca podremos saber con certeza cuál era su significado y si realmente aquellos artistas se propusieron pintar la constelación de Tauro. La sugerente hipótesis del investigador germano apunta que el ojo de este impresionante bóvido se corresponde con la posición de Aldebarán, que no solo es la más brillante de ese grupo estelar, sino también la decimotercera estrella más luminosa del cielo nocturno. Las pecas que rodean el ojo son las Híades, los extremos de los cuernos coinciden con las estrellas Tianguan y Elnath, y el grupo de siete puntos situado a la derecha de la cabeza del toro sería una representación de las Pléyades.

La astroarqueóloga de la Universidad de Niza, Chantal Jègues-Wolkiewiez, va aún más allá que Rappenglück, pues sostiene que el conjunto pictórico de la sala de los toros es una gran representación de las constelaciones celestes, un primitivo y espectacular mapa del cielo.

4.
El arte de la estrellería

El crepúsculo es mi momento favorito para ir a mirar estrellas. El Sol cae por debajo del horizonte y el cielo empieza a cambiar de color. El firmamento se tiñe de rosas, grises y dorados. Lentamente el azul dominante se va oscureciendo, y van apareciendo a la vista algunos astros. Los primeros son los errantes (eso es lo que significa en griego la palabra «planeta») y más tarde las estrellas más brillantes. Asoma la Luna y se van encendiendo el resto de luceros que irrumpen con sus brillos en la noche. La oscuridad nunca llega a ganar la partida por completo. La eventual aparición de una estrella fugaz siempre anima la noche, aunque sepamos que en realidad se trata únicamente de un pequeño meteorito, normalmente minúsculo, que entra en combustión al entrar a mucha velocidad en la atmósfera terrestre.

Para aprender a apreciar la noche estrellada es aconsejable imbuirnos del espíritu de Edmund James Webb (1852-1929), un apasionado observador de los cielos de Inglaterra y autor de un libro de culto titulado *Los nombres de las estrellas*, publicado póstumamente. Sostenía que, a diferencia de algunos astrónomos, el mero contemplador de estrellas «conserva ese amor, ese gusto por el cielo estrellado que ha poseído el hombre desde que se elevó a la dignidad de humano, y que tal vez haya sido la causa de que la haya alcanzado. Mientras las contempla, puede sentir todavía la alegría del pastor homérico, la veneración de egipcios y caldeos, la curiosidad de los primeros matemáticos». Webb descansa en el cementerio parroquial de St. Briavels, en el valle de Wye, bajo una lápida que reza: «Stargazer».

El cosmólogo canadiense Hubert Reeves, fallecido a los 91 años en 2023, nos invitó así a mirar el cielo y reconocer las estrellas y las constelaciones:

Es un placer reconocer Orión en el cielo estrellado cuando el otoño se acaba y el frío llega. En agosto, las noches están balizadas por el triángulo del verano: Vega, Deneb y Altair, cerca de la Vía Láctea. Las constelaciones, como las flores y los pájaros, marcan la vuelta de las estaciones.

El gran espectáculo de la noche no solo es visual. Algunas personas especialmente sensibles perciben una música en su oscuridad. Acostumbrado a contemplar las alturas diurnas y nocturnas a bordo de su *Caudron Simoun*, el aviador y escritor Antoine de Saint-Exupéry lo cuenta en su novela *El principito*: «Por la noche me gusta oír las estrellas. Son como quinientos millones de cascabeles». Su famoso personaje infantil es otro apasionado estrellero que se pregunta si las estrellas están encendidas a fin de que cada uno de nosotros pueda encontrar algún día la suya.

5.
Gilgamesh que estás en los cielos

Cuando cae la noche tenemos la impresión de que una cúpula de estrellas nos rodea y todas parecen estar a la misma distancia, formando así unas caprichosas figuras: las constelaciones. Hoy sabemos con toda certeza que esa imagen es solo una ilusión, pues las estrellas están separadas unas de otras por millones y millones de kilómetros, pero los estrelleros antiguos solo podían creer lo que veían sus ojos: un cielo en solo dos dimensiones con forma de semiesfera.

En las tierras de Mesopotamia, en el actual Irak, donde surgieron antiguas civilizaciones como las de Sumeria o Babilonia, los estrelleros oteaban los cielos en lo alto de sus zigurats. Desde esos templos en forma de pirámide escalonada descubrieron en el espacio sideral el mismo animal que habían dibujado varios miles de años antes unas gentes primitivas que vivían en un lugar tan alejado del Tigris y el Éufrates como es la Dordoña francesa.

Los antiguos sumerios escrutando el firmamento veían al toro del cielo. Si en el caso de Lascaux no disponemos de testimonios y solo podemos atenernos a parecidos asombrosos y suposiciones atrevidas, la constelación de los mesopotámicos está documentada en la más antigua de las escrituras: la cuneiforme. La recogen dos tablillas asirias con una lista de 66 estrellas y constelaciones conocida como *Mulapin*, un par de tablillas que datan de alrededor del 687 a. C., aunque se cree que su composición se remonta al 1000 a. C. En esa antigua lista figuran *Gugalanna*, es decir, el Gran Toro Celeste al que hoy llamamos «Tauro», y *Mulmul*, las Pléyades. Hay, además, 17 constelaciones zodiacales (que en relaciones mesopotámicas posteriores se redujeron a las doce actuales), fechas de salida y puesta y algunas predicciones astrológicas.

Al menos un milenio antes de que se escribiera este primitivo tratado astronómico el toro del cielo ya había hincado sus cuernos en el firmamento mesopotámico. Lo encontramos en la Epopeya de Gilgamesh, la obra épica más antigua que conocemos, inspirada en un monarca de Uruk que probablemente vivió en torno al año 2650 antes de nuestra era. Se estima que las primeras versiones del poema fueron escritas por los sumerios hace unos cuatro mil años. Cuenta las fantásticas aventuras del antiguo rey de Uruk, fuerte, bello y violador en serie de las jovencitas de la ciudad. Ante su conducta disoluta, los dioses atienden los lamentos de la maltratada población y deciden crear a una extraña y poderosa criatura salvaje y peluda, a la que nombran Enkidu, para que se enfrente al tirano. Sin embargo, tan indómito era el salvaje neonato que en lugar de juntarse con los hombres, como se esperaba, se unió a las manadas de gacelas. Para refinarlo, las divinidades contrataron los servicios de Shamhat, la meretriz más atractiva de aquellas tierras. La bella prostituta se aplicó en su trabajo y copuló sin parar con el destripaterrones durante siete días y siete noches. Tras esto, un desfogado Enkidu bebió cerveza, comió pan y rompió a cantar con alegría. Acicaló el barbero su velludo cuerpo, fue ungido de aceite, le vistieron a la moda y se convirtió así en un hombre, un guerrero.

Tras un conato de pelea, en lugar de enemistarse Gilgamesh y el renacido Enkidu, se hicieron amigos inseparables. Juntos llevaron a cabo una serie de correrías y gamberradas desenfrenadas que llamaron la atención de Ishtar, una mujer fatal, diosa del sexo y la belleza, que quedó prendada del rey hermoso y le prometió toda clase de regalos y privilegios si se metía en el lecho con ella. Pero Gilgamesh no solo la rechazó, sino que le echó en cara todos los amantes que ella había ido abandonando. Despechada, Ishtar decidió vengarse y pidió a su supremo padre que enviara a la tierra el Toro Celeste para dar muerte al tan poco complaciente monarca.

Al principio el dios supremo se resistió a contentarla, pero Ishtar dijo que si no le daba el Toro Celeste ella misma se ocuparía de destrozar el mundo haciendo salir a los muertos de los infiernos para que devoraran a los vivos. Su rabieta hizo efecto y el Toro del cielo se convirtió en una gigantesca y destructora bestia que descendió a la Tierra. A llegar al país de Uruk, el temible cornudo resecó bosques, marjales y cañaverales, secó un río y con solo tres bufidos abrió tres zanjas en las que cayeron trescientos jóvenes y el propio Enkidu.

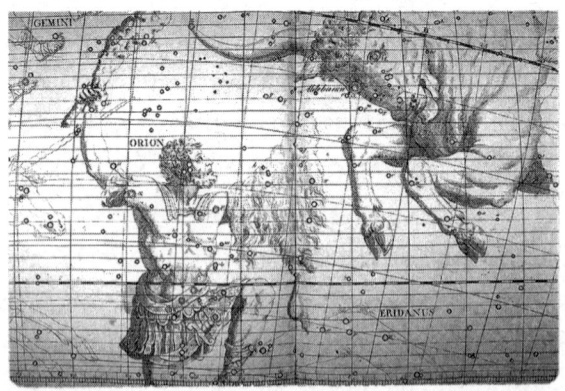

Figura 6. Una imagen de Orión y Tauro del *Atlas Coelestis* de John Flamsteed publicado en 1729, diez años después de su muerte. Flamsteed fue el primer astrónomo real de Inglaterra e impulsó la creación del Real Observatorio de Greenwich. También es recordado por sus conflictos con Isaac Newton, quien intentó apropiarse de alguno de sus descubrimientos astronómicos. Como veremos más adelante, se las tuvo asimismo con Edmund Halley.

Pero ahí estaba Gilgamesh, solo ante el peligro, para salvar a su colega de farras. Cogió a la bestia por el rabo y como un carnicero experimentado le clavó un cuchillo entre la zona cervical de los cuernos y los tendones. Ni una estocada de Manolete hubiera sido tan letal.

Al soberano de Uruk no le salió gratis la corrida. Como represalia, los dioses hicieron enfermar mortalmente a su amigo del alma. La muerte de Enkidu causó una honda tristeza a Gilgamesh y le abocó a ocupar el resto de su vida en la imposible búsqueda de la inmortalidad.

Desde entonces algunos babilonios identificaron la constelación de Orión con Gilgamesh, aunque también la llamaban *Uru An-ana*, que significa «la luz del cielo». Pese a la mortal paliza recibida, el Toro de la bóveda celeste no parece temerle demasiado y continúa enseñándole los pitones, vigilándole con su ojo naranja renacido en las alturas.

6.
El cielo de Salamanca

Figura 7. Lucio Marineo Sículo, profesor de Poesía y Retórica, habló en 1496 de este espacio conocido como «el cielo de Salamanca», diciendo que allí se encuentra «la biblioteca hermosísima en cuya bóveda puede contemplarse con gran deleite de los espectadores un cielo estrellado, los planetas y la bóveda celeste con todas las constelaciones del zodiaco».

Seguimos nuestro viaje deteniéndonos en la hermosa y culta ciudad de Salamanca para dirigirnos a la antigua biblioteca de las escuelas mayores de la Universidad. Allí, abierta a todos los visitantes, encontramos en una cúpula la pintura mural conocida hoy como «el cielo de Salamanca». Se trata de una bellísima representación zodiacal que probablemente fue utilizada por la Cátedra de Astrología fundada en torno a 1460. Entonces, esa disciplina iba unida al estudio de la Medicina, pues se creía que los médicos debían conocer el horóscopo de los enfermos para curarlos.

La obra, atribuida al artista salmantino Fernando Gallego, fue pintada en la década de 1480. En el siglo XVIII se perdieron por desgracia dos de las tres bóvedas que componían el conjunto, y con ellas la figura de la constelación de Tauro. Afortunadamente se salvaron las representaciones zodiacales de Leo, Virgo, Libra, Escorpio y Sagitario, el Sol y Mercurio, y otras diez constelaciones, aunque también estuvieron a punto de desaparecer y quedaron ocultas por un falso techo. A principios del siglo pasado la maravillosa cámara fue descubierta, y en los años cincuenta se pudo recuperar.

La bóveda celeste de la biblioteca salmantina no solo llama la atención por su belleza, sino también porque recuerda que la astrología, hoy desacreditada en los ámbitos científicos, fue en el pasado disciplina universitaria.

Astronomía y astrología nacieron al mismo tiempo en Mesopotamia y durante siglos caminaron juntas. Su utilidad principal era la de confeccionar un calendario práctico para las labores cotidianas y establecer un lazo entre los destinos humanos, las estrellas, la Luna y los planetas.

La segunda tablilla del *Mulapin* contenía una selección de presagios astrológicos. Los babilonios creían que los dioses nos enviaban mensajes a través de los astros. En el poema

Enuma Elish, una antiquísima historia de la creación del universo escrita en lengua cuneiforme, Marduk, el dios de dioses, creó lugares para las otras divinidades y las estableció en las estrellas.

Ptolomeo, además de escribir el Almagesto, un mapa celeste estelar, compuso el *Tetrabiblos*, que versaba sobre la filosofía y la práctica astrológica. Después de que la obra de Ptolomeo fuera traducida y divulgada por astrónomos árabes volvió a circular en Europa a partir de 1175 tras ser vertida al latín por la Escuela de Traductores de Toledo.

Alfonso X el Sabio, el rey estrellero, promovió la confección de las Tablas Alfonsíes, un catálogo astronómico de gran precisión que fue muy utilizado para las predicciones astrológicas. Al monarca castellano se le atribuye hoy una frase que no he podido encontrar referenciada en ninguno de los numerosos libros que compusieron sus escribas: «Si Dios me hubiese consultado sobre el sistema del Universo le habría dado unas cuantas ideas».

Tan soberbio como el toledano, pues con su *Ars Magna* se propuso concebir una herramienta que demostrara la verdad de la religión cristiana, el filósofo, poeta, místico, teólogo y misionero mallorquín Ramon Llull escribió, entre muchas otras, una obra llamada *Tratado de Astronomía* que era en realidad un libro de astrología. En aquel momento la estrellería era una de las siete artes liberales y formaba parte del llamado *quadrivium*.

Reyes, príncipes, consejeros, aristócratas y grandes burgueses europeos contrataban los servicios de los astrólogos para que les ayudaran en la toma de decisiones ante acontecimientos importantes como matrimonios, guerras o viajes.

Incluso algunos papas, máximos representantes de una religión que rechazaba las supersticiones y el zodiaco, consultaban el mapa de los astros antes de comenzar empresas importantes. Según el historiador Jean Delumeau, así lo hicieron, por ejemplo, Julio II, León X y Paulo III para fijar el día de su coronación papal, de su entrada en una ciudad conquistada o de un concilio.

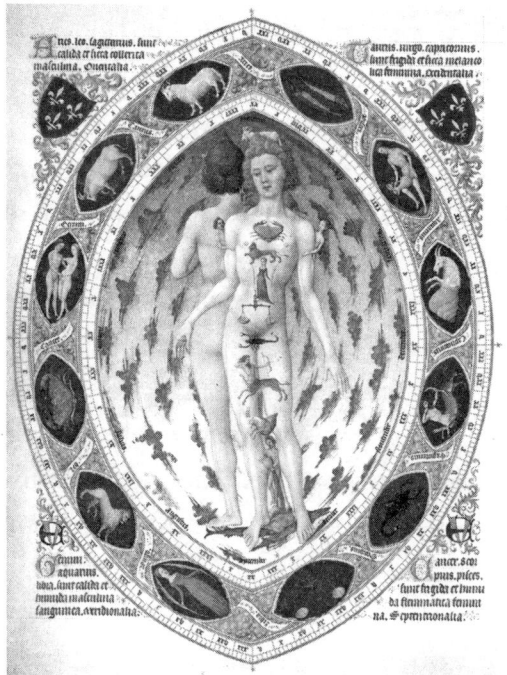

Figura 8. Una de las creencias de la astrología era que las constelaciones estaban ligadas con la salud de diferentes partes del cuerpo. En concreto, Tauro controlaba el cuello y la garganta, tal como se puede ver en este «hombre del zodiaco», una ilustración del libro *Las muy ricas horas del Duque de Berry*, de 1416.

Destacados astrónomos como Copérnico, Kepler, Galileo o Brahe pudieron dedicarse a estudiar los cielos gracias a que preparaban horóscopos a sus mecenas, quizá sin llegar a creer sus propios pronósticos. Fueron lo suficiente discretos para no dejar nada escrito al respecto.

Llegó un momento en que los avances del conocimiento se impusieron y obligaron a disociar la ciencia de estudiar los astros, de la mera charlatanería y la adivinación. En Francia, Jean-Baptiste Colbert, ministro de Luis XIV, toma la decisión de prohibir la enseñanza de la astrología en la Academia de las Ciencias, que él mismo había fundado en 1666.

Hoy, mientras la astronomía es una disciplina científica que tiene la singularidad de que estudia objetos que no se pueden tocar, la astrología y su determinismo están considerados como una impostura, una superchería sin respaldo empírico.

Herencia viva de aquellos estrelleros pronosticadores es el zodiaco, palabra que en griego significa «la rueda de los animales». Las doce constelaciones tradicionales, a las que pertenece Tauro y a las que recientemente se les ha unido Ofiuco, no solo son signos que supuestamente determinan nuestro carácter, sino que constituyen realidades astronómicas.

Su característica es que están situadas en la llamada eclíptica, que es el plano de la órbita de la Tierra alrededor del Sol o, lo que es lo mismo, la línea que sigue el Sol en su aparente recorrido anual alrededor de la Tierra. En ese plano podemos ver también la mayor parte del tiempo la Luna y los planetas.

El cielo de Salamanca

Figura 9. La rueda de las constelaciones del zodiaco en el Atlas catalán de Abraham Cresques y de su hijo Jefudà. Se trata de un precioso manuscrito del siglo xiv, conservado en la Biblioteca Nacional de Francia y que reúne varios mapas del mundo conocido en esa época en Europa. Este mapamundi fue un regalo del infante Joan de Aragón al joven rey francés Carlos IV. Al igual que su padre, el rey Pere «el Ceremoniós», Joan estaba muy interesado en la astrología, la adivinación y la magia. Ambos contrataron a astrólogos para tomar decisiones cortesanas importantes, según documenta el historiador Michael A. Ryan en su libro *A Kingdom of Stargazers*.

Algunas representaciones artísticas de las constelaciones zodiacales, como el cielo de Salamanca, son también valiosas herencias de la antigua creencia de que los cielos regían los destinos de los humanos.

El astrónomo alemán Ernst Zinner, especialista en astronomía del Renacimiento, apuntó que el firmamento representado en estilo gótico flamígero en la antigua biblioteca salmantina podría corresponder a una noche de agosto de 1475. Su colega Hilmar Duerbeck precisó aún más el cálculo y señaló la fecha del 25 de agosto. ¿Qué sucedió en aquella ocasión? Nada más y nada menos (sonido de trompetas) que los Reyes Católicos estuvieron en la ciudad del Tormes.

No todos los astrónomos están de acuerdo con las determinaciones de los estrelleros germanos. Señalan que algunas constelaciones australes como Centauro no eran visibles aquella noche de verano en Salamanca, pese a que la encontramos pintada en la antigua biblioteca. La verdadera ciencia siempre ha estado abierta a la discusión.

7.
Dibujar el cielo

Las constelaciones son conjuntos de estrellas agrupadas arbitrariamente por su proximidad en la bóveda celeste, una proximidad que hoy sabemos que es solo aparente. «Son falsas, deliciosamente falsas todas las constelaciones», dice Gaston Bachelard, filósofo de la ensoñación. Pero nuestros lejanos antepasados no podían sospechar que las figuras que veían brillando en el firmamento eran solo una ilusión. Para ellos eran señales que podían ser útiles en un mundo en que el cielo nocturno tenía una presencia abrumadora. Adoptaron entonces el mejor sistema para fijar esas marcas y recordarlas: asociarlas a alguna figura o mito.

El británico Ian Ridpath, escritor especializado en la divulgación de la astronomía, lo explica muy claramente:

Las constelaciones son la invención de la imaginación humana, no de la naturaleza. Son la expresión del deseo humano de imprimir el propio orden sobre el caos de la noche. Para los navegantes sin visión de tierras, o para viajeros en el desierto que querían señales, para granjeros que querían un calendario o pastores que querían un reloj nocturno, la división del cielo en grupos de estrellas reconocibles tenía propósitos prácticos. Pero quizá la primera motivación fue la de humanizar la amenazante oscuridad de la noche.

Las 48 constelaciones visibles en el hemisferio norte ya estaban recogidas en el *Almagesto* de Ptolomeo, un astrónomo alejandrino que vivió entre el año 100 y el 170 d. C. Durante cerca de un milenio su libro titulado en árabe *al-Majisti* («El más grande») fue la biblia de los astrónomos. Para Ptolomeo, la Tierra era el centro del Cosmos y todo giraba en torno a ella. Los hechos parecían darle la razón, ya que, al fin y al cabo, el mismo Sol se levantaba cada día por el este y se ponía por el oeste. De su vida no sabemos apenas nada, excepto que escribió de astronomía, astrología, geografía, música, óptica y matemáticas. Se cree que trabajó en la famosa Biblioteca de Alejandría.

Ptolomeo no inventó las constelaciones. Su lista se basó en una obra, hoy perdida, de Hiparco de Nicea (190 a. C. - 120 a. C.), quien seguramente las recogió a su vez de fuentes anteriores a su era.

Los griegos adoptaron algunas de las constelaciones caldeas y las transformaron de acuerdo con su propia mitología. Las antiguas obras de Homero y Hesíodo ya hacían referencia a unos pocos grupos de estrellas como la Osa Mayor, Orión o las Pléyades (que eran contempladas como una constelación separada antes de ser incorporada a Tauro).

Figura 10. El pintor y grabador Alberto Durero (1471-1528) fue el autor del primer mapa celeste impreso de Occidente. Durero realiza dos grabados en madera que representan el cielo septentrional y meridional. Las esquinas de la carta septentrional están ocupadas por cuatro grandes astrónomos y astrólogos de la Antigüedad: Arato de Solos, autor de los *Fenómenos*; Ptolomeo, Manilio y Al-Sufi.

En el siglo III antes de nuestra era, Eratóstenes escribió una obra llamada *Catasterismos* en la que comenta la historia de 44 constelaciones, ligándolas a hechos y acontecimientos mitológicos.

Eratóstenes ha pasado a la historia de la ciencia por haber calculado con asombrosa aproximación la circunferencia de la Tierra. Para ello, a este sabio se le ocurrió medir la diferencia de longitud entre las sombras que proyectaba el Sol a mediodía sobre dos bastones situados en Alejandría, al norte de Egipto, y Siena (la actual Asuán), al sur, para conjeturar que nuestro planeta debía de tener un contorno de unos 40.000 kilómetros.

Dio otras pruebas de su ingenio calculando la inclinación del eje de la Tierra y creando el primer mapamundi, ajustado a los conocimientos de su época. Al hombre le quedó además tiempo para contarnos lo que vemos en las estrellas en sus poéticos *Catasterismos*.

Sobre la constelación de Tauro, Eratóstenes ofrecía dos explicaciones diferentes:

Se dice que pasó a formar parte de las constelaciones por haber llevado a Europa desde Fenicia hasta Creta a través del mar, de acuerdo con lo que cuenta Eurípides en su obra *Frixo*. Por tal acción fue premiado por Zeus y convertido en una de las más brillantes estrellas. Otros autores sostienen que se trata de una vaca, una réplica de Ío. La constelación fue predilecta de Zeus en honor de aquella.

Conociendo la ilimitada megalomanía y desfachatez del soberano del Olimpo, esta primera versión es la que parece más creíble. Recordemos que fue el propio Zeus quien se transformó en un toro blanco para raptar sin su consentimiento a la joven e inocente Europa. La bestia se acercó a la bella que estaba recogiendo flores junto a una playa con sus amigas en las tierras del actual Líbano. Atraída por la aparente mansedumbre del animal, y quizá por una marca en forma de luna en su flanco, o por sus ojos azules, se subió en su lomo y esa fue su perdición.

Zeus ya no la soltó. Cruzó el mar de Cilicia hasta llegar al Egeo y a Creta, donde encerró a la chica en una cueva de la que, según los cuentistas mejor informados de todo el Egeo, ya nunca pudo salir. Le hizo parir tres hijos: Minos, Sarpedón y Radamantis, quienes protagonizaron a su vez algunas enrevesadas aventuras mitológicas.

Arrastrado por su ilimitado narcisismo, no tiene nada de raro que el dios se rindiera a sí mismo un homenaje anunciándose en el cielo con figura de largos cuernos. Como los narcos mexicanos que se exprimen cometiendo asesinatos bárbaros para producir terror, el hijo de Crono lanzaba así un mensaje en el firmamento a todas las mujeres mortales y divinas de que no iban a poder escaparse de su avidez sexual, quisieran o no. El temible conquistador nos dice desde las alturas que puede adoptar la forma que quiera para conseguir sus objetivos: toro, cisne, águila, cuco, ardilla, lluvia dorada, pastor o productor de Hollywood.

La segunda versión de Eratóstenes parece más improbable. Ío era nada menos que una leal sacerdotisa de Hera en Argos, de la que se enamoró el obseso dios de las nubes y los rayos. Para ocultar el romance a su celosa esposa transformó a la chica en una vaca blanca y la escondió en un prado.

Hera se dio cuenta de la maniobra y envió un tábano para que le hiciera la vida imposible a la ternera. Es cierto que el insaciable Crónida no tendría ningún reparo en ofender a Hera y presumir en el firmamento de haber conquistado a Ío, pero no es menos cierto que la diosa del matrimonio, las mujeres, el cielo y las estrellas, jamás permitiría la existencia de una constelación que recordarse que el golfo de su mari-

Figura 11. *El Rapto de Europa*, pintado por Tiziano para Felipe II, se puede contemplar actualmente en el Museo Isabella Stewart Gardner de Boston. Rubens hizo una copia del cuadro que se expone en el Museo del Prado. El astrónomo griego Eratóstenes decía que la constelación de Tauro representa a Zeus en la forma de toro blanco que tomó para raptar a la inocente princesa fenicia.

do le ponía los cuernos con sus propias sacerdotisas. ¡Válgame el cielo! Esa afrenta sería imperdonable.

A partir del siglo XVII varios astrónomos añadieron hasta cuarenta constelaciones, completando las figuras de Ptolomeo y dando nombres a las figuras estelares situadas en la región alrededor del polo sur celestial, invisible para el autor del Almagesto. El resultado es un total de 88 constelaciones, reconocidas desde 1928 por la Unión Astronómica Internacional. Estas 88 constelaciones parcelan completamente el cielo con límites precisos, de manera que cualquier objeto, por lejano que esté, queda dentro de alguna figura.

Fueron necesarios numerosos descubrimientos para que la humanidad se percatara de que las estrellas que contemplamos a simple vista son solo una pequeñísima parte de las que brillan en nuestra galaxia. Para encontrarnos con la primera persona que pudo ver más allá de ese primer escaparate de la noche oscura nos debemos dirigir a Padua. Pero antes vamos a jugar de noche al escondite en otra hermosa ciudad del norte de Italia, cuyos habitantes la conocen como la *dotta, la rossa e la grassa*.

8.
Entremés a la boloñesa

Era la noche del 9 de marzo de 1497, día de Santa Catalina, patrona de la ciudad de Bolonia. Domenico Maria Novara, profesor de Astronomía y Matemáticas de la universidad más antigua del orbe, y su ayudante polaco, salieron a observar cómo la Luna se superponía a Aldebarán y la ocultaba.

El anaranjado astro taurino fue esa vez solo una estrella invitada en aquel acontecimiento que acabaría teniendo una importancia revolucionaria en la historia del conocimiento humano. El papel estelar de aquel nocturno renacentista le estaba reservado a nuestro gris satélite.

El estudiante había cursado estrellería en la Universidad de Cracovia y ya llevaba meditando desde hacía un tiempo sobre las discrepancias entre sus propias observaciones y las posiciones siderales teóricas de la astronomía ortodoxa de la época. La contemplación nocturna en Bolonia sería decisiva para atreverse a formular varias décadas después una nueva teoría científica.

El hoy célebre ayudante, llamado Nicolás Copérnico, constató, junto al profesor Novara, que la paralaje lunar permanecía estable y no cambiaba dependiendo de sus fases: luna nueva, creciente, llena y menguante. Eso no es lo que sostenía Ptolomeo y, por tanto, el entonces sagrado Almagesto se equivocaba (la paralaje es un sistema de medición basado en la triangulación y la trigonometría, esa disciplina matemática que a algunos, bastante más interesados en los senos que en los cosenos, se nos atragantó en los tiempos escolares).

Tuvieron que pasar cuarenta y seis años hasta que el astrónomo polaco publicó *De revolutionibus orbium coelestium* («Sobre las revoluciones de las esferas celestes»), en la que formulaba su teoría del universo heliocéntrico. La Tierra giraba alrededor del Sol y no al revés, tal y como acertadamente ya había sugerido dieciocho siglos antes un sabio de la Antigua Grecia: Aristarco de Samos.

Copérnico empezó a escribir *Sobre las revoluciones de los orbes celestes* en 1506 y lo terminó en 1531, pero esperó a publicarlo hasta 1543 cuando estaba en su lecho de muerte, consciente de que era un cañonazo contra las creencias no solo astronómicas, sino también teológicas de su tiempo. En unas pocas páginas de su fulminante libro rememora aquella mágica noche de final de invierno en que la roja Aldebarán jugó al escondite con la Luna y la Tierra empezó a dejar de ser el centro del Universo.

9.
El telescopio de Galileo

En Padua no buscamos su jardín botánico, el más antiguo de la Tierra; ni los prodigiosos *giottos* de la capilla de los Scrovegni (en uno de ellos retrata un cometa con el que más adelante nos vamos a encontrar); ni tampoco la catedral, donde personas de todo el mundo buscan la asistencia sobrenatural de San Antonio para hallar pareja. Iremos a su universidad, la segunda más antigua del mundo, donde Galileo Galilei daba clases de matemáticas e investigaba los principios del péndulo o la aceleración de los cuerpos en caída libre.

En el verano de 1609 este científico se dedicó a construir un telescopio, un aparato para ver a larga distancia, que los holandeses acababan de inventar (es lo que se había creído siempre, pero ahora se apunta que el inventor podría ser un fabricante de anteojos de Gerona llamado Joan Roget). Calculó la posición ideal de las lentes que él mismo había tallado y pulido y, cuando vio que su catalejo funcionaba correctamente, fue a Venecia para regalárselo al Dux y enseñarles a los senadores venecianos cómo podían ver la llegada de los barcos mucho antes que oteando a simple vista. Tan impresionante fue la demostración que el Senado le renovó de por vida su contrato en la Universidad de Padua y le subió el sueldo a mil florines anuales, cinco veces más de lo que cobraba al empezar.

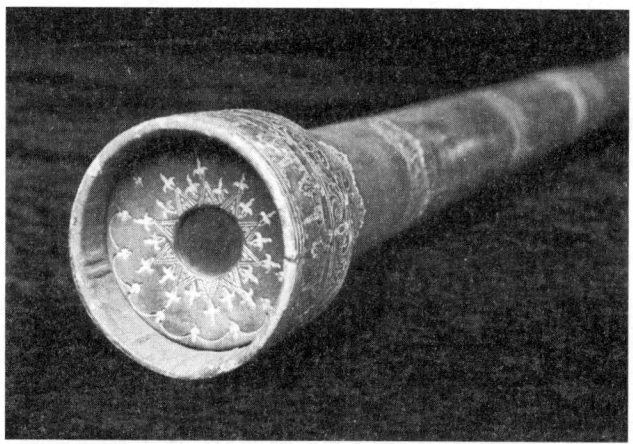

Figura 12. En el Museo Nacional de la Ciencia y la Tecnología «Leonardo da Vinci» de Milán se puede ver una reproducción del siglo xx del telescopio de Galileo.

Galileo perfeccionó su telescopio y se le ocurrió entonces apuntar con él a los cielos paduanos. En el mes de noviembre la óptica de su largavista aumentaba veinte veces los objetos, el doble que su primer aparato. Enfocó hacia la Luna y comprobó que, al contrario de lo que decía Aristóteles, nuestro satélite no era una esfera perfecta, sino que poseía numerosas irregularidades. El 7 de enero de 1610 descubrió los cuatro grandes satélites de Júpiter: Ío, Europa, Ganímedes y Calisto, cuando en aquel momento el planeta estaba atravesando la constelación de Tauro. El insigne científico tuvo la picardía de llamarlos «astros mediceos» en honor de Cosme II de Médicis, gran duque de Toscana, quien le otorgó un cargo de matemático, astrólogo y filósofo en la corte florentina. Tuvo también la osadía de sostener que el movimiento de los satélites jupiterianos avalaba la teoría heliocéntrica de Copérnico, según la cual la Tierra giraba alrededor del Sol y no al revés, como se creía entonces, con lo cual se granjeó la enemistad de la mayor parte de la cúpula de la poderosa Iglesia Católica.

No despegó sus telescopios del firmamento hasta el 2 de marzo, fecha en la que entregó a la imprenta un opúsculo de apenas 63 páginas con sus observaciones, que se publicó diez días después con el título de *La gaceta sideral*. En esa obra aparece otro sensacional descubrimiento. Galileo lo describió así:

> Por debajo de las estrellas de sexta magnitud (las de menor brillo), verás con el anteojo, cosa difícil de creer, una numerosa grey de otras estrellas que escapan a la visión natural; más de hecho que las que contienen los otros seis grados de magnitudes.

Por primera vez, se pudo saber gracias al telescopio que hay más estrellas que las que vemos a simple vista. Galileo quiso dibujar las que había visto en la constelación de Orión, pero la cantidad de puntos de luz le superaba. También observó las Pléyades a través de su rudimentario telescopio, y con gran asombro vio que no eran seis ni siete, sino muchas más. Divisó más de cuarenta, aunque en su croquis solo dibujó treinta y seis. Hoy sabemos que el cúmulo de las siete hermanas está formado por entre quinientas y mil estrellas.

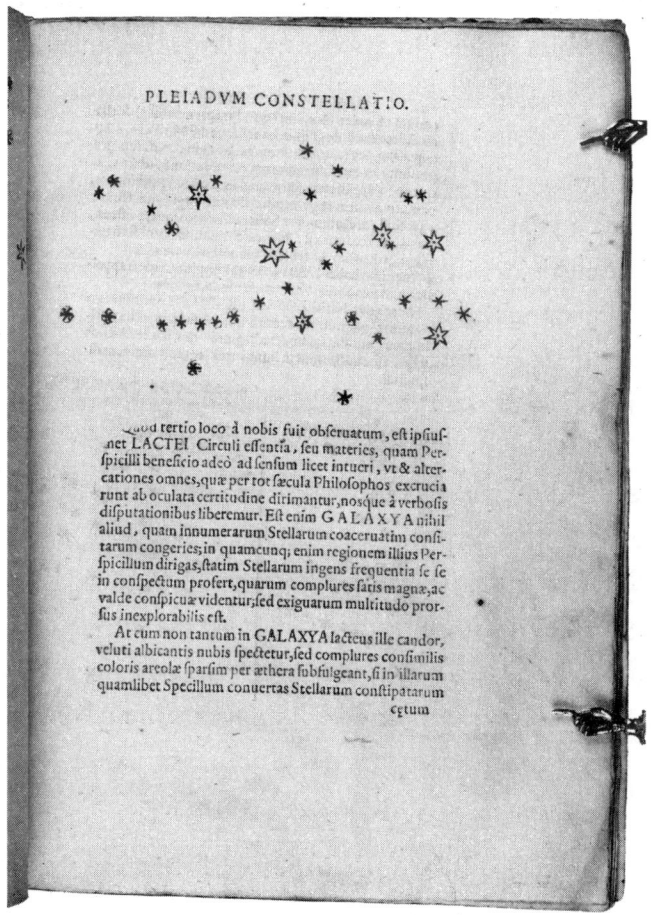

Figura 13. Página de *La gaceta sideral* con el dibujo de las estrellas que Galileo observó en Orión y en las Pléyades, que hasta entonces eran desconocidas.

Los primeros catalejos que el sabio pisano se fabricó manualmente tenían entre diez y veinte aumentos. En la actualidad, los grandes telescopios, como el Hubble, no se evalúan en términos de aumentos, ya que su misión principal es capturar imágenes nítidas y detalladas de objetos astronómicos distantes. En cualquier caso, este moderno telescopio espacial que orbita 593 kilómetros sobre el nivel del mar es capaz de distinguir una nuez a una distancia de ciento sesenta kilómetros.

Más potente todavía es el nuevo James Webb, cuyo tamaño es similar al de una pista de tenis y está a unos 1,5 millones de kilómetros de nuestro planeta (aproximadamente cuatro veces la distancia que hay de la Tierra a la Luna), tiene una capacidad de recolección de luz siete veces mayor que el Hubble, y puede ver más atrás en la historia cósmica.

El cosmólogo Lawrence Krauss nos propone salir una noche cualquiera a ver las estrellas. En un punto donde solo se vea oscuridad levantemos la mano y hagamos un círculo con el índice y el pulgar. En ese círculo diminuto, del tamaño de un céntimo, se podrían encontrar con uno de esos enormes telescopios quizá cien mil galaxias, cada una de las cuales con miles de millones de estrellas. ¡Qué hubiera dado Galileo por ver las imágenes del Hubble y el James Webb!

10.
La hermana invisible

En astronomía se denominan «asterismos» a las figuras que resaltan por sí mismas dentro de una constelación. El caso más famoso es el carro de la Osa Mayor. Casi todo el mundo sabe identificarlo y, en cambio, es mucho más difícil, por no decir imposible, ver la figura de una osa.

En Tauro encontramos dos asterismos: las Híades y las famosas Pléyades. Las primeras, cuyo nombre significa al parecer «hacedoras de lluvia», forman una figura en V que recuerda al hocico de la bestia. Las Pléyades forman el cúmulo estelar más fácil de ver y más llamativo a simple vista.

Mitológicamente tanto unas como otras eran hijas de Atlas, el titán encargado de sostener el cielo sobre sus espaldas para que no cayera sobre la Tierra. La madre de las primeras fue la ninfa Pléyone, y Etra, la de las segundas.

En la antigüedad mediterránea se creía que cuando las Pléyades aparecían por la mañana indicaban a los marinos que había llegado el tiempo de navegar, y su ocaso vespertino significaba que había que dejar la nave en puerto. Hesíodo las cita en un par de ocasiones en *Los trabajos y los días*, su poético calendario para el hombre del campo escrito hace unos 2.700 años:

Comienza la siega cuando nazcan las Pléyades engendradas por Atlas y la siembra cuando se pongan, pues están ocultas durante cuarenta noches y cuarenta días, y en el transcurso del año se muestran de nuevo por primera vez cuando se afila la guadaña.

Las Pléyades

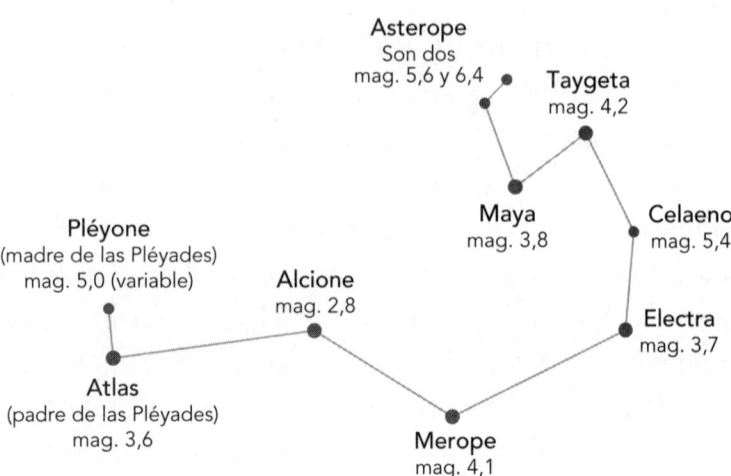

Figura 14. En la mitología griega, las Pléyades eran siete hermanas, hijas del titán Atlas y la ninfa marina Pléyone. Zeus las convirtió en las siete estrellas más bonitas del cielo de invierno. El Toro Celeste las protege del acoso de Orión.

Situadas a la espalda del Toro Celeste, son un brillante grupo estelar fácil de reconocer en el cielo nocturno invernal. La mitología habla de siete hermanas, aunque a simple vista la mayoría de la gente solo es capaz de distinguir seis estrellas. Una posible explicación es que dos de ellas están tan cerca entre sí, contempladas desde el plano terrestre, que parecen ser un único punto. Algunos astrónomos han trazado proyecciones de sus posiciones respecto a la Tierra hace miles de años y señalan que posiblemente entonces fuera más fácil divisar siete.

En cualquier caso, Eratóstenes tiene otra explicación: «seis de ellas se unieron a diversos dioses, y la séptima se unió a un mortal». Es pues esa, llamada Mérope, la hermana invisible.

En cambio, el bufón del rey Lear tiene claro su número. «Si las siete estrellas no son más que siete es por una buena razón», proclama. Y el viejo monarca le responde con una lógica impecable: «Porque no son ocho».

Con nombres diversos el cúmulo de las Pléyades está presente tanto en la Biblia como en mitologías de diferentes culturas. Curiosamente hay coincidencias asombrosas entre las historias que se contaban en lugares tan lejanos entre sí como Australia y la península ática. Hacía allí nos dirigiremos más tarde. Primero tenemos una cita en una antigua residencia cardenalicia.

11.
La mafia en la
Sala del Mapamundi

Las Pléyades, o las siete cabrillas como las llamó Sancho Panza tras su viaje aéreo junto a Don Quijote en el caballo de madera *Clavileño*, están situadas a unos 400 años luz de distancia de la Tierra. Cervantes soltaba a su caballero andante a estrellarse por tierras de La Mancha, William Shakespeare subía a Lear a los escenarios del globo, y Galileo apuntaba su telescopio hacia ellas cuando empezó a viajar el blanco resplandor que hoy vemos. Propongo, pues, evitar por el momento un desplazamiento espacial tan colosal, ya que seguro que la mayoría de nosotros no disponemos de tiempo para tal aventura. Seguiremos en Italia para realizar un viaje por carretera desde Padua hasta Caprarola, cuya meta es visitar un cielo renacentista en el que están representadas Tauro y el resto de las constelaciones del zodiaco.

El trayecto es espectacular. Pasamos por las ciudades de Ferrara, Bolonia y Florencia, que no es preciso glosar aquí porque sus atractivos son suficientemente conocidos. El destino final, en cambio, lo es menos. Se trata de un pueblo de unos 5.500 habitantes en el que el cardenal Alejandro Farnesio (el viejo) se construyó una de sus residencias de verano, encargándola en el año 1530 al arquitecto Antonio de Sangallo, quien posteriormente fue nombrado arquitecto jefe de la Basílica de San Pedro en Roma.

Figura 15. La Sala del Mapamundi de Villa Farnesio en Caprarola. En el techo están representadas artísticamente las constelaciones.

Cuatro años después Farnesio fue elegido papa y las obras de la villa quedaron interrumpidas. Las reemprendió su nieto Alejandro Farnesio (el joven) y de los planos se ocupó otro arquitecto, Jacopo Vignola, a quien también le tocó dirigir los proyectos de la magna iglesia vaticana, además de otros trabajos como el templo del Parque de los monstruos de Bomarzo.

En el interior de Villa Farnesio, un soberbio edificio de planta pentagonal, destaca la Sala del Mapamundi, diseñada por Giovanni Antonio da Varese «Il Vanosino», en la que podemos contemplar las figuras de Magallanes, Américo Vespucio, Colón, y cartas geográficas de los continentes entonces conocidos. Sin embargo, lo que nos ha traído aquí son las gráciles pinturas del techo en el que sobrevuelan todas las constelaciones zodiacales.

La Sala del Mapamundi aparece en una escena de la película *El Padrino III*, en la que Michael Corleone discute de un negocio turbio con un arzobispo. La cámara no llega a enfocar el cielo de Il Vanosino. Nosotros, en cambio, seguimos mirando arriba, el espectáculo vale la pena.

12.
Van Gogh
y su cielo estrellado

A 636 kilómetros en línea recta del palacio Farnesio, de Caprarola, se encuentra Arlés. A esta pequeña ciudad del sur de Francia, que destaca por sus monumentos romanos, entre ellos su magnífico anfiteatro que en ocasiones acoge aún corridas de toros, calles pintorescas y vida tranquila, llegó el 20 de febrero de 1888 Vincent Van Gogh con todas las ilusiones del mundo.

En la Provenza, el pintor descubrió la luz mediterránea y su paleta se llenó de nuevos y expresivos colores. Amarillos y azules, sobre todo, estallaban en las telas. Los más de trescientos dibujos y pinturas que allí pintó son una demostración de esa iluminación. Durante su estancia supo apreciar la belleza de la noche arlesiana. En sus cartas, hace alusión en diversas ocasiones a la impresión que le causan las estrellas y a su intención de pintar la noche.

«Un cielo estrellado es algo que me gustaría intentar hacer, al igual que durante el día intentaré pintar un prado verde salpicado de dientes de león», escribió en abril de ese año a su amigo pintor Émile Bernard.

El 9 de septiembre le confiesa a su hermana Willemien:

Ahora y más que nunca quiero pintar un cielo estrellado. Siento que los colores de la noche son aún más ricos que los del día, que son morados, azules y verdes más intensos. Si prestas atención, verás que algunas estrellas lucen como limones amarillos o flores nomeolvides; y otras desprenden fuegos rosados, verdes o azules. Y sin querer insistir más, es evidente que, para pintar un cielo estrellado, no basta con agregarle puntos blancos a un fondo negro azulado.

Ese mismo mes le dice a su hermano Theo: «Tengo una tremenda necesidad de —¿diré la palabra?— religión, de modo que salgo por la noche a pintar las estrellas».

Y el artista se puso manos a la obra. En su famoso cuadro *Café nocturno* pueden verse unos cuantos clientes en los veladores del iluminado café amarillo «La Terrasse» (hoy Café Van Gogh), gentes paseando por la plaza del Fórum y un cielo azul ultramar en el que lucen grandes y titilantes estrellas.

No menos impresionantes son los luceros de su lienzo *Noche estrellada sobre el Ródano*. Ambos cuadros fueron pintados en el mes final del verano, justo cuando en su correspondencia pregonaba el descubrimiento de las posibilidades pictóricas de los astros nocturnos.

Esos cielos de Van Gogh no son del todo imaginarios, sino que parecen reflejar la posición real de algunas estrellas en el momento en que fueron pintadas. El astrónomo y escritor francés Jean-Pierre Luminet ha estudiado la cuestión con un programa informático que le permitió reconstruir la situación estelar del cielo en los lugares y momentos en los que el holandés creaba sus obras. Luminet apunta que en el firmamento que vemos por encima y a la derecha del café amarillo puede identificarse con bastante seguridad la constelación de Acuario, mientras que en la vista sobre el Ródano se aprecia con claridad el asterismo del carro de la Osa Mayor, solo que en una posición invertida, en el sur en lugar del norte.

Desgraciadamente, esas pinturas trasnochadoras no le trajeron buena estrella al estrellado genio holandés, quien el 23 de diciembre discutió con su amigo Paul Gauguin, a quien había invitado a vivir con él en la Casa Amarilla de la plaza Lamartine. En un episodio todavía no aclarado del todo se autolesionó cortándose el lóbulo de la oreja izquierda con una navaja de afeitar para dárselo luego a una prostituta. Gauguin puso de inmediato pies en polvorosa. Una vez más Theo tuvo que acudir al rescate de su hermano. Le visitó y le aconsejó que ingresara en el hospital de Arlés.

En mayo de 1889 Vincent Van Gogh pidió que le acogieran en el hospital psiquiátrico de Saint-Rémy-de-Provence para poder seguir trabajando. En los doce meses que permaneció en el sanatorio pintó 143 óleos y más de cien dibujos. Disponía de un dormitorio en el tercer piso y de una habitación libre en la planta baja que le servía de taller, y tenía permiso para salir a trabajar al jardín.

Allí volvió a sentir la llamada del crepúsculo y pintó uno de los cuadros más famosos de la historia del arte: *La noche estrellada*, que abría una nueva puerta a nuestra mirada al misterio del cosmos nocturno.

Figura 16. Algunos estudios astronómicos apuntan a que la estrella que está situada a la izquierda del ciprés podría ser Aldebarán. Desde 1941 *La noche estrellada* se expone en el Museo de Arte Moderno (MoMA) de Nueva York.

Este lienzo se ha reproducido hasta el infinito en postales, gadgets y camisetas, y sobre él se ha dicho casi de todo. Parece demostrado que el pueblo del fondo y el ciprés ondulante son imaginarios. No ocurre lo mismo con el paisaje astronómico. Algunos críticos de arte y astrofísicos han estudiado la combinación de los astros que pueblan el firmamento de *La noche estrellada*, y apuntan que podría corresponderse con un cielo real que Van Gogh vio desde su habitación.

El norteamericano Albert Boime, historiador del arte, investigó cómo se veía el cielo la noche del 19 de junio de 1889, día en que Vincent le escribió a su hermano que había pintado *La noche estrellada*. Para ello consultó al Observatorio Griffith de Los Ángeles.

¡Bingo! A las 05:40 de la madrugada, desde la ventana de la habitación del sanatorio del pintor, la Luna, Venus y las estrellas componían un panorama semejante al reflejado en el histórico cuadro que, desde 1941, se puede ver en el Museo de Arte Moderno de Nueva York. La pareja de estrellas situadas en la parte superior del ciprés serían Hamal y Sheratan, de la constelación de Acuario. El gran astro situado a la derecha del árbol se corresponde con Venus y, casi a la misma altura del planeta, a la izquierda del árbol, aparece Aldebarán, el ojo del Toro, el ojo de Dios, como lo llamó Miguel de Unamuno.

Otros astrónomos, como Jean-Pierre Luminet, a quien acabamos de citar, o Neil deGrasse Tyson, proponen con buenos argumentos otras fechas probables y, por tanto, apuntan que serían otras las estrellas que se veían desde la habitación del artista en Saint-Rémy cuando pintó el cuadro. A nosotros la posibilidad de que Aldebarán forme parte de *La noche estrellada* nos ha dado la oportunidad de hacer una estancia en la bella Arlés, celebrar que Van Gogh era un estrellero y conocer, aunque sea de forma incidental, el observatorio de Los Ángeles en el que Mia y Seb bailan, vuelan, se enamoran y se besan apasionadamente en una escena de la película *La La Land*, mientras suena el tema «Planetarium».

13.
Quién pone nombre a las estrellas

¿Quién no siente fascinación por esos nombres extraños? Digamos algunos leyéndolos en voz alta: Vega, Deneb, Altair, Betelgeuse, Rigel, Bellatrix, Alcor... Suenan a mundos remotos y a la vez familiares, porque los hemos oído alguna vez. Se diría que emisarios de esos soles lejanos bajaron a nuestra Tierra para indicarnos exactamente, letra a letra, sus nombres de origen: Ras Algethr, Antares, Algol, Merak, Mizar, Zubenelgenubi... Nombres que son otra buena razón para mirar al cielo y que parecen designar la naturaleza misma de esos astros celestes. No parece posible que si en Betelgeuse existiera un planeta o satélite con vida inteligente sus moradores llamaran a su estrella con diferente nombre.

Si la mayoría de las constelaciones del hemisferio norte fueron bautizadas por los griegos, las estrellas deben sus nombres a los árabes. En una obra ya clásica de Richard Hinckley Allen, este sostiene que es muy probable que fueran los beduinos, cuyo techo vital es el cielo, a quienes debemos algunos de esos sonoros y exóticos términos.

Al autor de *Los nombres de estrellas y sus significados* sus amigos le conocían como la «enciclopedia andante». De joven quiso ser astrónomo, pero su capacidad visual no le acompañó en su sueño y se dedicó profesionalmente a los negocios. Nunca perdió la afición, y en 1899 escribió su tratado sobre la toponimia estelar, una miscelánea victoriana de más de quinientas páginas llenas de información astronómica y cultural. Refiriéndose a Tauro dice que es muy posible que fuera la primera constelación a la que se dio nombre, puesto que su aparición marcaba el equinoccio de primavera entre 4000 y 1700 antes de nuestra era, la era dorada de la astronomía arcaica.

Paul Kunitzsch, profesor emérito de Estudios Árabes en la Universidad de Múnich, redunda en la misma idea. En su libro *Los árabes y las estrellas* afirma que los beduinos tenían sus propios nombres para las estrellas brillantes como Aldebarán, y comúnmente las miraban como si fueran representaciones de animales o personas.

Lo cierto es que Ptolomeo y sus precursores nombraron poquísimos soles individuales. Arcturus, Capella, Sirio, Procyon, Spica, Antares, Cástor y Pólux, Regulus y Vega son las únicas luminarias bautizadas por los astrónomos helenos, además de Altair a la que Ptolomeo designó como Aetus (Águila). Nunki, la segunda estrella más brillante de Sagitario, es la única que conserva un nombre de origen babilonio.

Cuando el cielo se acrecentó y empezaron a aparecer decenas, cientos, miles y millones de nuevas estrellas se necesitaron nuevos sistemas más prácticos para nombrarlas. Hoy en día los nombres propios solo son usados para unas pocas estrellas, las más brillantes y conocidas.

El astrónomo Johann Bayer introdujo en 1603 el sistema de letras griegas que todavía se utiliza para las constelaciones cercanas. Así, Aldebarán es α Tauri, al ser la estrella más brillante de Tauro, mientras que Elnath, que está situada en el pitón derecho y es la segunda en brillo, se denomina β Tauri y así sucesivamente según la escala de resplandor.

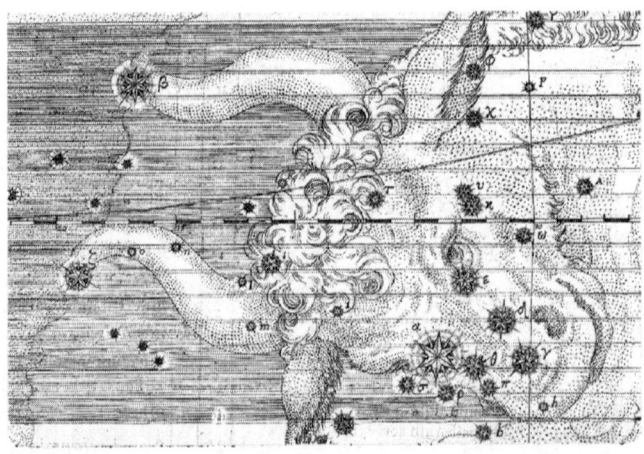

Figura 17. La constelación de Tauro en la *Uranometria* de Johann Bayer (1572-1625), que utilizó como fuentes los catálogos de estrellas de Tycho Brahe y del navegante holandés Pieter Dirkszoon Keyser. Obsérvese que Aldebarán coincide con el ojo derecho del toro.

A medida que los telescopios iban mejorando y los astrónomos seguían descubriendo nuevos puntos de luz, el sistema de Bayer quedó eclipsado y se empezaron a usar los números para designar los soles. HIP 21421, por ejemplo, es otro nombre astronómico para Aldebarán.

Quién pone nombre a las estrellas

The First Dictionary of the Nomenclature of Celestial Objects, publicado en 1983, describe cerca de mil sistemas diferentes para nombrar estrellas, no es difícil perderse. Al mismo tiempo el número de estrellas identificadas y cartografiadas no para de aumentar. El Observatorio Naval de Estados Unidos UCAC4 finalizó en 2012 un catálogo que ofrece datos precisos de 113 millones de estrellas.

14.
Nuevos nombres en el cielo

Las mágicas palabras que dejaron los beduinos para bautizar los cielos se combinan hoy con las frías nomenclaturas de números y letras. Como dicen Paul Kunitzsch y Tim Smart, autores de un diccionario de nombres modernos de las estrellas, cada estrellero conoce Sirio o Polaris, pero ni uno entre cien puede identificar Pishpai (Mu Geminorum), Alsciaukat (31 Lyncis), Dhur (Delta Leonis) o Zujj al Nushshaba (Gamma Sagittari). Es esa la razón por la que los nombres propios sean usados solo para unas pocas estrellas.

En nuestro siglo xxi, los astrónomos volvieron a mirar arriba y vieron que los guarismos carecían del encanto de las más sonoras denominaciones particulares. Su unión internacional creó por ello un grupo de trabajo para recuperar los nombres que usaban los aborígenes de Australia, los polinesios, los africanos, los chinos, los mayas y otros pueblos.

De este modo, por ejemplo, las dos estrellas (1 y 2) del sistema binario de Mu Scorpii, en la constelación de Escorpio, pueden ser llamadas también oficialmente Xamidimura (ojos de león en la lengua de los *Khoikhoi* en Sudáfrica) y Pipirima (en alusión a un chico y una chica gemelos de la mitología de Tahití que huyeron de sus padres y se convirtieron en estrellas).

Otra división de la Unión Astronómica Internacional, llamada NameExoWorlds, se ocupa de nombrar los planetas de otros sistemas solares y las estrellas alrededor de las cuales orbitan. Esta tarea se lleva a cabo de forma participativa con propuestas de organizaciones y grupos astronómicos de todo el mundo.

En la constelación del Altar luce desde el año 2015 la estrella Cervantes, apreciable a simple vista y llamada en la nomenclatura estándar Mu Arae. Alrededor de Cervantes giran cuatro exoplanetas, bautizados como Quijote, Dulcinea, Rocinante y Sancho.

Fue una propuesta del Planetario de Pamplona la que hizo posible que el mayor escritor de las letras hispánicas y sus personajes luzcan merecidamente en el firmamento. En su *Quijote* podemos encontrar algunas alusiones a la astronomía y la astrología, que como hemos visto eran conceptos sinónimos en su tiempo. La novela, que Miguel de Unamuno calificó como la Biblia española, nos enseña a orientarnos con la Osa Menor, constelación que se conocía también en su época como la «Bocina», cita a Ptolomeo, «el mayor cosmógrafo que se sabe...», y advierte que un caballero andante «ha de ser astrólogo, para conocer por las estrellas cuántas horas son pasadas de la noche, y en qué parte y en qué clima del mundo se halla».

Rosalíadecastro (todo junto) es otra estrella con nombre español. Se trata de una enana amarilla parecida a nuestro Sol, en la constelación de Ofiuco. Es visible con prismáticos en los cielos oscuros. El planeta que orbita a su alrededor se llama Sar.

Desde que en 1992 se detectaron los primeros exoplanetas, la cifra de sistemas planetarios no ha dejado de crecer y de dar trabajo a los amigos de NameExoWorlds. Uno de ellos orbita, al parecer, alrededor de Aldebarán. Se trata de un planeta gigante gaseoso al que se ha bautizado como Aldebarán B.

La astrofísica austriaca Lisa Kaltenegger calcula que si solo en la Vía Láctea hay 200.000 millones de estrellas, en una de cada cinco habrá un planeta similar a la Tierra. Eso significa por tanto que habría unos 40.000 millones de soles con planetas habitables. Si a cada uno le hemos de encontrar un nombre ya podemos empezar a hacer nuestra lista de deseos.

15.
Cuernos

Salimos una noche de junio a disfrutar del placer del cielo claro. Buscamos el Toro del Cielo, pero no está. A medida que avanzan las estaciones, las constelaciones parecen desplazarse de lugar, aunque en realidad somos nosotros los que nos movemos, embarcados como estamos en el viaje de la Tierra alrededor del Sol. Si tenemos tiempo, paciencia y el sueño no nos vence acabaremos viendo aparecer su cornamenta.

No es extraño que los antiguos eligieran un toro para dibujar una parte de su cielo. Formaban parte de sociedades que le rendían culto y lo consideraban un símbolo de divinidad, potencia sexual y fertilidad. Encontramos representaciones de este animal en numerosos lugares de Mesopotamia, Asia Menor, en el Egipto faraónico y en diversos enclaves del Mediterráneo como Creta, Chipre, las islas Baleares y el occidente ibérico.

Existen numerosos testimonios materiales de que los bóvidos fueron objeto de ritos sagrados. Los cuernos no son ni mucho menos un invento de los libertinos franceses. Divinidades como la fenicia Baal o la egipcia Apis eran representadas con puntiagudos pitones, un emblema de rango que figuraba también en las tiaras y las coronas de algunas figuras divinas del mundo oriental. Nut, la diosa egipcia del cielo, era simbolizada a veces como una vaca. Cuando Moisés descendió del monte Sinaí sorprendió a su tribu adorando a un becerro de oro. Ya hemos visto que Zeus se transformó en un toro blanco para raptar a la bella Europa.

Figura 18. Reconstrucción de una habitación de Çatal Huyuk con las posiciones originales de las cabezas de toros y un relieve de cuerpo humano.

Sin prisa, pero sin pausa, iniciamos un tour exprés por algunos de los numerosos lugares donde podríamos iniciar una colección de imágenes de astados. Nos detenemos primero en Turquía, para dirigirnos a Çatal Huyuk, considerada una de las protoaldeas más antiguas de la época Neolítica. En algunas estancias de ese yacimiento, a las que se accedía entrando por el tejado, aparecen cabezas de toro con cuernos hechos de arcilla. Es muy posible, como creen algunos investigadores, que estas sean las primeras pruebas de un culto taurolátrico. En la ciudad de la que fue rey Gilgamesh, Uruk, se descubrió una figura boyuna de arcilla y plata. Los impresionantes toros alados androcéfalos que protegían los palacios asirios pueden verse hoy en el Museo Británico. Creta, la isla del minotauro, es otro lugar donde existen claras evidencias de veneración a estos animales.

En las islas Baleares han aparecido figuras de cabezas taurinas o de cuernos en las excavaciones de yacimientos talayóticos de Mallorca (como los llamados «Bous de Costitx», que se exponen en el Museo Arqueológico Nacional), monedas fenicio-púnicas con imágenes de cornúpetas en Ibiza, y una figurilla de un buey fue hallada en Torralba d'en Salort, en Menorca, cerca de una taula talayótica, que, según un estudio de arqueoastronomía de Michael Hoskin, apuntaría al orto de la estrella Sirio, la que más brilla en el firmamento nocturno. Declaradas por la Unesco Patrimonio de la Humanidad, las *taules* menorquinas son, según una de las diversas interpretaciones sobre su posible significado original, símbolos pétreos de una divinidad bovina.

Figura 19. Toro hallado junto a la taula de Torralba d'en Salort, monumento de la cultura talayótica menorquina que podría apuntar hacia el orto de la estrella Sirio.

El culto taurolátrico podría explicar por qué los antiguos veían un toro en el cielo, aunque quizá podría darse el caso contrario: la constelación sería la razón de la adoración a los bóvidos. Si retrocediéramos seis mil años en nuestra máquina del tiempo veríamos que el primer día de la primavera el Sol aparecía en Tauro. Nuestro grupo estelar, dominado por Aldebarán, marcaba el inicio de la cosecha en la época en que la astronomía y la ciencia agrícola daban los primeros pasos.

16.
La estrella que surgió de la nada

Nuestra próxima parada será Kaifeng, en el norte de China, y retrocederemos en el tiempo casi mil años. Nos detendremos en 1054, cuando la dinastía Song estaba en el poder en China y Kaifeng era su capital. Faltaban aún doscientos años para que naciera Marco Polo y otros diecisiete más para que viajara con sus tíos a la corte de Kublai Kan. En esa época en la que la Edad Media estaba agotando sus últimos siglos, la valerosa familia de comerciantes venecianos tardó tres años en llegar al corazón del imperio asiático, donde luego permaneció veintitrés años más. O al menos eso es lo que contó Polo a su compañero de celda en la cárcel de Malapaga de Génova, Rustichello de Pisa, quien transcribió su florido relato en *El libro de las maravillas*, cuyo nombre original era *Il Milione*. Las malas lenguas, que ya existían antes de que surgieran nuestras nerviosas redes sociales, dicen que ese título respondía a que el texto reúne un millón de mentiras.

Nosotros tardaremos mucho menos en llegar. Vamos en busca de una estrella que pareció surgir de la nada. La noche del 4 de julio de 1054 el astrólogo real Yang Wei-te estaba mirando la constelación de Tauro y, para su sorpresa, vio aparecer una nueva estrella muy brillante sobre el cielo de Kaifeng. Durante veintitrés jornadas más ese sol situado hacia el sureste del cuerno del toro relució con tanta fuerza que hasta podía divisarse a la luz del día, aunque luego fue perdiendo brillo. El 23 de agosto el astrólogo se atrevió a informar del suceso al emperador y, como la mayoría de astrólogos a sueldo, aprovechó para hacerle la pelota a su benefactor.

Postrándome ante su Majestad Imperial, de esta manera os informo de que ha aparecido una estrella nueva. Sobre la estrella en cuestión hay un brillo tenue de color amarillo. Si se estudian detenidamente los pronósticos referidos a su Casa Real, la interpretación es la que sigue: el hecho de que la nueva estrella no interfiera con Pi, la mansión lunar de Tauro, y de que su brillo sea pleno significa que hay una persona de gran sabiduría y virtud al mando de esta tierra.

En Arabia y en Japón hay algún testimonio de este evento astronómico, al igual que en América del Norte y Centroamérica, donde encontramos algunos grabados en roca que parecen representar una superestrella junto a la luna creciente. En cambio, en el continente europeo, la nueva estrella también tenía que ser visible, pero no ha quedado ninguna referencia conocida de este avistamiento. Al parecer nadie se atrevió a contradecir la ortodoxia aristotélica, adoptada por la Iglesia cristiana, de que la esfera celeste era totalmente inmutable.

A lo largo de casi dos años la nueva estrella continuó siendo visible, pero su brillo, que originalmente era superior al del planeta Venus, fue menguando hasta que dejó de ser perceptible a simple vista.

Lo que el astrólogo Yang Wei-te pudo ver esa noche del 4 de julio de 1054 no fue el nacimiento de una estrella sino su muerte. Era una supernova, una estrella ocho veces más masiva que el Sol, que explotó. Pero eso no se pudo descubrir hasta que en 1757 Charles Messier, famoso cazador de cometas y de objetos del espacio profundo, detectó con un telescopio instalado en el Hôtel de Cluny de París los restos de esta supernova, conocida hoy como Nebulosa del Cangrejo.

Situada entre los cuernos del toro, esta nebulosa solo es visible hoy con ayuda de un telescopio. Los estrelleros aseguran que vale la pena buscarla en el cielo, porque es de una gran belleza.

Aprovechando nuestra estancia en el Celeste Imperio podemos hacer una visita al templo Wen Miao en Suzhou. Allí, el astrónomo Huang Shang elaboró una carta astronómica, que fue grabada en piedra en 1247 y muestra 1.434 estrellas agrupadas en 280 constelaciones, además de un texto explicativo. Ese mapa pone claramente de manifiesto que las constelaciones son meras invenciones humanas y las diferentes culturas vieron cosas diferentes en el firmamento. En la preciosa carta de Suzhou solo podemos distinguir los asterismos de Orión y el Carro grande. El resto de figuras no se corresponden en absoluto con las que hemos heredado de los griegos y que, por tradición, adoptó la Unión Astronómica Internacional.

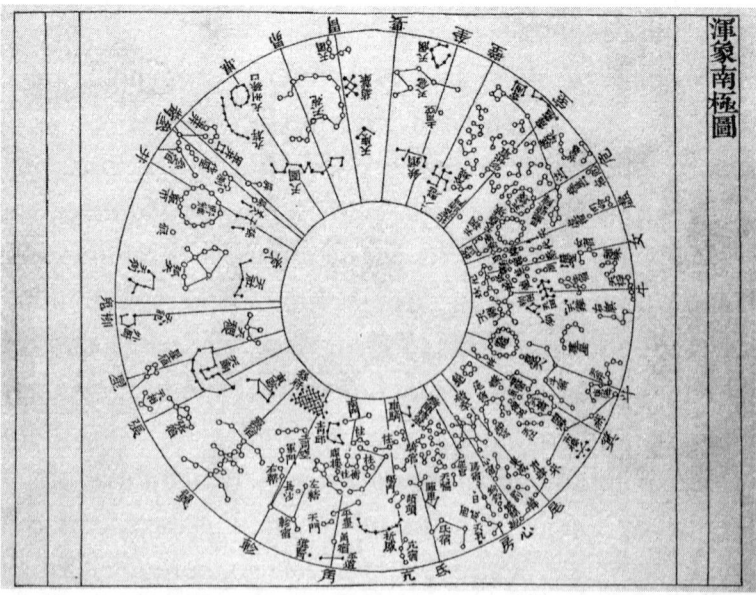

Figura 20. Una reproducción del planisferio celeste de Su Song (1020-1101), un científico e ingeniero chino de la dinastía Song. Este diagrama de un mapa estelar se publicó por primera vez en el año 1092 en el libro *Xin Yi Xiang Fa Yao*. Se puede observar que las antiguas constelaciones chinas no tienen el menor parecido con las de Ptolomeo.

17.
Abre los ojos y verás asnos

Por la misma época en que la supernova iluminaba los cielos, un poeta persa cantaba al vino, a los jardines, al amor y a la alegría de vivir. Se llamaba Omar Jayam, y compuso una serie de cuartetas conocidas como los *Rubaiyat*. Fue también un brillante matemático y estrellero. Según el profesor Alfonso Jesús Población Sáez, miembro de la comisión de divulgación de la Real Sociedad Matemática Española, a él le debemos el que la incógnita de las ecuaciones se llame «x». Jayam la llamó *shay* (que significa «cosa», en árabe). La cosa se europeizó como *xay* (la x tenía el sonido sh), y de ahí derivó a la inicial x.

En el campo astronómico construyó un gran observatorio en la ciudad de Merv (actualmente Mary) en Turkmenistán, y reformó el antiguo calendario zoroástrico con una precisión tan asombrosa que todavía sigue vigente en Irán y Afganistán.

Gracias a uno de sus poemas sabemos que el mundo estaba lleno de burros (como ahora) y que los iraníes de principios del segundo milenio estaban familiarizados con la constelación astada.

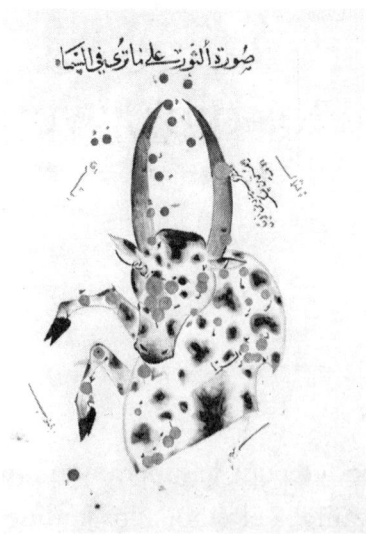

Figura 21. La constelación de Tauro representada en el tratado astronómico llamado *Libro de las estrellas fijas,* obra del astrónomo persa Abd al-Rahman al-Sufi, c. 964.

Dice así su *rubaiyat*:

> Dibujado en el cielo, hay un toro con las Pléyades;
> Debajo de la tierra, hay otro toro escondido;
> Abre tus ojos como hacen aquellos que no son idiotas
> Y verás entre ambos toros un puñado de asnos.

El toro oculto bajo la tierra está tan bien escondido que no he logrado encontrar ninguna referencia ni explicación. Tal vez solo sea un chisme de hace mil años. Por lo que respecta al toro del cielo, continúa allí, en su lugar. Rodeado por Orión, Perseo, Aries y los Gemelos, nos mira desde las alturas con su ojo dorado.

18.
Encuentro con un «cometero»

Para nuestra próxima aventura buscaremos la compañía de un estrellero británico nacido en 1656. Cuando tenía veinte años viajó a la isla de Santa Elena para observar los soles del hemisferio celeste sur. Tras un año de trabajo astronómico en la remota isla que 138 años más tarde fue la prisión de Napoleón en 1815, fue capaz de determinar la posición de 341 estrellas australes, y con ellas elaboró el *Catalogus stellarum australium*, que presentó como un complemento al trabajo de Tycho Brahe, reputado estrellero del siglo XVI.

Entre otras cosas, este astrónomo inglés construyó una campana de buceo y fue capitán del *Paramore*, un barco de la Armada británica, en el que llevó a cabo tres expediciones para estudiar el magnetismo terrestre. Sus viajes por mar estuvieron llenos de aventuras y descubrimientos, y en el segundo fue arrestado al llegar a Pernambuco (Brasil) como sospechoso de piratería.

Tradujo del griego al inglés un tratado de Matemáticas de Apolonio; publicó un artículo sobre las rentas vitalicias que influyó en la ciencia de la determinación de riesgos en la industria aseguradora y financiera; calculó la fecha de la llegada de Julio César a Inglaterra; fue supervisor de la Casa de la Moneda inglesa, y efectuó mediciones bastante ajustadas de la distancia de la Tierra al Sol.

Nuestro polifacético hombre no es otro que Edmond Halley, quien en su juventud trabajó como ayudante del astrónomo John Flamsteed, nombrado por el rey Carlos II en 1675 con el objetivo de que pusiera en marcha un edificio, junto al río Támesis, destinado a observar los cielos. Se trata del Real Observatorio de Greenwich, que en 1988 fue reconvertido en museo. En 1712, Halley publicó dos mapas celestes, sin permiso de su jefe, que en un ataque de celos por esta supuesta deslealtad estrellera se dedicó a comprar todos los ejemplares para quemarlos.

Interesado en las fuerzas que rigen el movimiento planetario, fue a la Universidad de Cambridge para conversar con Isaac Newton. Al instante se cercioró de que el padre de la teoría de la gravedad había resuelto el enigma y le animó a que publicara sus descubrimientos. No solo eso, sino que fue él quien generosamente financió la primera edición de la *Philosophiae Naturalis Principia Mathematica*, la obra clave de Newton.

Sin embargo, nuestro estrellero es apenas conocido hoy por estas hazañas, sino que Edmond Halley debe toda su fama a su acertada intuición de que las apariciones estelares que se habían descrito en los años 1531, 1607 y 1682 —él mismo fue testigo este último año— correspondían a un mismo cometa. Dada la regularidad de las visitas del astro cada 76 años, predijo que volvería a aparecer en la Navidad de 1758, como así fue. Aunque Halley no vivió el suficiente tiempo para ver que su pronóstico se cumplía, el cometa, cuya última visita a nuestro planeta se produjo en 1986, fue bautizado con su nombre.

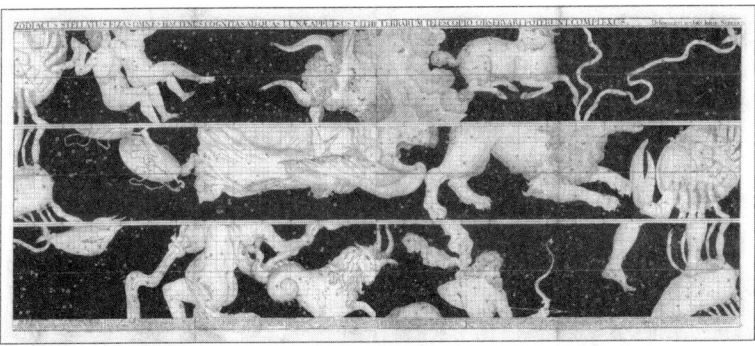

Figura 22. Una página del *Zodiacus Stellatus* de Edmond Halley que es a la vez un mapa artístico y científico. Se basó en las observaciones de John Flamsteed, el astrónomo real, de carácter tan meticuloso que no quería publicar su catálogo de estrellas. Sin embargo, en 1712, bajo la presión de Newton y Halley, Flamsteed entregó a la Royal Society una copia manuscrita de su trabajo, junto con un texto explicativo, autorizando la publicación únicamente del texto. Ignorando a Flamsteed, Halley publicó el *Catálogo de estrellas*. Flamsteed intentó comprar y destruir todos los ejemplares del libro que pudo encontrar. A continuación, Halley hizo este *Zodiacus Stellatus*, basado en las observaciones de Flamsteed, y lo publicó bajo la firma del impresor John Senex.

Su descubrimiento contribuyó a derrotar la antigua superstición de que los cometas eran astros nefastos y su asociación con todo tipo de catástrofes. Cuando el futuro astrónomo tenía tan solo ocho años, cruzó los cielos de Europa un cometa al que se atribuyó, entre otros males, la terrible plaga de peste bubónica de Londres que duró de 1665 a 1666, y en España se le culpó de la muerte de la mitad de los niños de Burgos a causa de la viruela y también del fallecimiento del rey Felipe IV. Todos estos aciagos hechos se produjeron un año después del paso de aquel cometa.

Figura 23. Representación del cometa Halley en una escena del Tapiz de Bayeux. El lienzo describe los hechos previos a la conquista normanda de Inglaterra, que culminó con la batalla de Hastings. Algunos historiadores apuntan que la aparición del cometa (que obviamente en el siglo xi no se llamaba Halley) contribuyó a la victoria de los normandos.

Halley tuvo la suerte de tener un padre rico, fabricante de jabón, que siempre le apoyó económicamente en sus viajes y aventuras científicas. Sin duda, esa ayuda le facilitó la oportunidad de convertirse en una estrella de la ciencia, pero jamás hubiera brillado si hubiera carecido de inteligencia, genio, perseverancia y curiosidad. Su interés por los fenómenos astronómicos le llevó a estudiar durante siete años los mapas celestes de Ptolomeo. Observó que las posiciones de algunas estrellas más brillantes como Sirio, Arcturus y Aldebarán se habían desplazado ligeramente de la posición que les atribuía el Almagesto, incluso se habían movido con respecto al catálogo de Tycho Brake.

Llegó a la conclusión de que el fallo no estaba en las antiguas cartas celestes, sino que las estrellas se movían, aunque tan despacio que su singladura solo podía ser registrada en un largo período de tiempo que abarcaba varias generaciones. Con ello, y gracias en parte al ojo del toro, Halley aportó nuevas evidencias para descartar la idea aristotélica de un Universo fijo e inamovible que ya había sido puesta en cuestión por Galileo al observar con su telescopio las irregularidades de la superficie lunar y los satélites de Júpiter. El llamado movimiento estelar es una realidad que no podemos apreciar a escala temporal de una vida humana, pero a escala del tiempo sideral provocará que la geometría de las actuales constelaciones se vuelva irreconocible.

19.
A los hombros de un gigante

Después de encontrarnos con un gigante de la ciencia ahora tenemos cita con otro, en este caso de la mitología. Hablamos de Atlante o Atlas, el padre de las ninfas Pléyades e Híades, además de las Hespérides y, según algunas versiones, también de Calipso, quien sedujo a Ulises durante siete años en la lejana isla de Ogigia, cargada de uvas, álamos, cipreses y prados de violetas que alegraban el corazón.

Atlas participó con los otros titanes en la Titanomaquia, la guerra contra los Olímpicos que duró diez años. Cuando Cronos se cansó, se convirtió en el jefe de los titanes, pero terminó estrepitosamente derrotado, y entonces Zeus le castigó a la pesada carga de sostener para siempre el cielo sobre sus hombros.

Disponemos de dos posibilidades para poder reunirnos con el belicoso y prolífico titán. Una es ir hasta la cordillera norteafricana que lleva su nombre, y la segunda es embarcarnos hacia la ciudad italiana de Nápoles.

A los hombros de un gigante

Tomamos primero el camino más largo. Un mito griego asegura que Perseo, hijo de Zeus y de una mortal, se acercó a Atlas para pedirle hospitalidad y este se la negó creyendo que su verdadera intención era robarle unas frutas (nada menos que las manzanas del Jardín de las Hespérides). Perseo, que acababa de cortarle la cabeza a la Medusa y la llevaba en su zurrón, le enseñó la monstruosa testa al gigante y lo dejó tan petrificado que su cuerpo se convirtió en las montañas que recorren a lo largo de 2.400 km Túnez, Argelia y Marruecos. Un excelente punto de partida para llegar a las estribaciones de la cordillera es la roja Marrakech, la bulliciosa ciudad de las voces, laberintos, muecines y conversaciones encantadas. En las cercanías se halla el monte Toupkai, el pico del Atlas y de toda el África del Norte más cercano a las estrellas.

En la otra orilla del Mediterráneo, escoltada por el Vesubio se halla la no menos caótica y bulliciosa ciudad de Nápoles, la griega Partenope, la urbe que durante más de dos siglos y medio perteneció a España. Allí nos dirigimos a la Piazza Museo para entrar en el monumental palacio que alberga el Museo Arqueológico Nacional, considerado uno de los más importantes del continente europeo. Los aficionados a los recuerdos del pasado no pueden perderse sus tesoros ni tampoco su erótico Gabinete Secreto, cerrado por Mussolini, y que no fue reabierto hasta abril del año 2000.

En el Salón de la Meridiana, proyectado para acoger un observatorio astronómico que nunca llegó a mirar el cielo, se exhibe una escultura romana de mármol del siglo II d. C.

que representa al padre de las Pléyades soportando sobre sus espaldas un pesado globo terráqueo.

Figura 24. El monumental *Atlas Farnesio* en el Museo Arqueológico Nacional de Nápoles. En la mitología griega, el titán Atlas fue condenado a cargar sobre sus hombros la bóveda celeste tras la derrota de los titanes en su rebelión contra los dioses olímpicos.

A esta figura de 191 centímetros de altura y restaurada en diversas ocasiones se la conoce con el nombre de *Atlas Farnesio*, porque fue adquirida por Alejandro Farnesio en el siglo XVI, un cardenal a quien ya habíamos entrevisto al visitar su villa en Caprarola para admirar la Sala del Mapamundi. La esfera, de 65 cm de diámetro, no muestra los continentes, sino los bajorrelieves de cuarenta y cinco constelaciones, entre ellas Tauro y los restantes signos del zodiaco.

20.
Nuestra varita mágica

Las estrellas no marcan nuestro destino, pero son nuestro origen. El astrónomo norteamericano Carl Sagan popularizó en su serie televisiva *Cosmos* la idea de que los humanos somos «polvo de estrellas».

De acuerdo con el conocimiento actual de la física, todos los elementos químicos de la naturaleza provienen de las reacciones nucleares que se producen en el interior de los soles. Cuando estos mueren de forma explosiva tras millones de años de actividad lanzan al espacio esos productos de su alquimia que constituirán los ladrillos de la materia inerte y de la materia viva. Absolutamente todos los átomos de nuestro cuerpo y del mundo que nos rodea proceden de las explosiones de supernovas, como nuestra conocida Nebulosa del Cangrejo.

Mientras preparamos el próximo viaje, podemos salir otra noche a observar el cielo nocturno. Queremos volver a ver de nuevo Tauro y Orión, para lo cual lo mejor será salir en enero, febrero o marzo cuando empiece a oscurecer.

Las instrucciones son las mismas de antes: mirando hacia el sur vamos a buscar la *cafetera* de Orión, porque debido al brillo de sus vértices es un asterismo bastante fácil de identificar.

Si no lo encontramos a la primera no hay problema si hemos instalado alguna aplicación en nuestro teléfono para observar las estrellas; *Stellarium, Star Walk, Sky Safari* o *Star Tracker* son algunas de estas varitas mágicas que nos indican *gratis et amore* las constelaciones en nuestra pantalla cuando apuntamos hacia el cielo.

En cualquier caso, Orión es una constelación tan clara y relevante que enseguida aprenderemos a identificarla. La primera vez será un flechazo y ya no la olvidaremos nunca.

Para buscar Aldebarán debemos fijarnos en las tres marías (Alnitak, Alnilam y Mintaka), que forman el llamado «cinturón del cazador», que ya mencionamos en el capítulo «Un reflejo en el pasado». Siguiendo hacia la derecha la línea de ese trío estelar central de Orión, la encontraremos.

Y ese es el secreto para aprender a identificar constelaciones. Con ayuda de un instructor, un mapa o el móvil iremos pasando de un grupo de estrellas a otro. Una vez reconozcamos Aldebarán es sencillo encontrar el brillante cúmulo de las Pléyades, las siete hermanas, aunque a simple vista solo veremos seis.

Si desplazamos la vista desde Orión hacia otras direcciones sabremos con un mínimo de práctica y ayuda identificar a Sirio, la estrella que más brilla en nuestro cielo nocturno y que forma parte de la constelación del Can Mayor, uno de los dos perros que acompañan al gigante cazador en sus correrías galácticas.

Poco a poco iremos familiarizándonos con otras estrellas y constelaciones vecinas y haremos nuestro un fragmento del telón con el que se ocultan las tinieblas.

En determinados momentos del año se produce periódicamente otro interesante espectáculo astronómico, la lluvia de meteoroides, comúnmente llamados «estrellas fugaces». Lo que percibimos como estrellas cayendo del cielo es la entrada en la atmósfera terrestre de partículas de polvo y hielo que se hallan en el espacio desprendidos de algún cometa o restos de la formación del Sistema Solar. Son famosas las Perseidas, conocidas también como «Lágrimas de San Lorenzo», que se pueden contemplar en su máxima actividad entre el 11 y el 13 de agosto. Menos renombradas son las Táuridas, que se divisan entre los cuernos de nuestro toro celeste y aparecen a finales de octubre y principios de noviembre.

21.
Poetas en la Dordoña

Los mismos cielos que fascinaron a los cazadores de Lascaux inspiraron también a la escritora estadounidense Sylvia Plath. En el verano de 1961 emprendió con su entonces marido Ted Hugues su cuarto viaje a Francia. Solo un año antes ella había publicado *El coloso*, su primer libro de poemas. Tras pasar por Normandía y la Bretaña fueron a la Dordoña y visitaron las cuevas. El 10 de julio Sylvia envió una postal a su madre Aurelia en la que mencionaba la vívida impresión que le habían dejado las pinturas rupestres.

Su mirada poética se sintió cautivada por aquellos cielos que, supuestamente, habían cartografiado con formas animales unos habitantes del Paleolítico miles de años antes.

Su poema *Estrellas sobre la Dordoña*, en el que describe cómo estas caen silenciosas sobre las ramas de las copas de los árboles, es un recuerdo de esa inolvidable visión del cielo nocturno.

Plath echa en falta la visión del cazador Orión, constelación que está escondida en los cielos estivales, pues solo sabe reconocer el Carro de la Osa Mayor. Abrumada por la presencia de tal número de astros brillantes en las viejas noches de la región del Perigord, evoca su propia y maldita «estrella oscura» y concluye así su poema sideral:

Hay demasiada calma aquí: estas estrellas me tratan demasiado bien. / En esta colina, con vistas de castillos iluminados, cada campanada / representa a una vaca. Cierro los ojos / y bebo el pequeño escalofrío nocturno como noticias de casa.

Escrito un año antes de su trágica muerte a los treinta años, *Estrellas sobre la Dordoña* es también un expresivo lamento por el hecho de que en su país, paraíso de las luces de neón, sea tan difícil ver la noche estrellada.

22.
Un disco de oro
de la música de las esferas

Antes de nuestra salida hacia la ciudad germano-oriental de Halle necesitaremos descorrer el telón y reconocer las Pléyades en el firmamento. Para ello repetiremos la operación recomendada para localizar el ojo del toro celestial. Primero hay que encontrar el Cinturón de Orión, siguiendo la dirección que marca la siguiente estrella más brillante que es la roja Aldebarán y continuando un poco más aparece una mancha azul en la que se divisan a simple vista seis o siete soles. En el hemisferio norte la mejor época para buscarlas después de la puesta de sol es enero y febrero. En el hemisferio sur, en cambio, se observan mejor desde diciembre a marzo.

Es un cúmulo estelar que ha llamado la atención a numerosos pueblos y sociedades desde la Antigüedad hasta nuestros días.

La griega Safo ya le dedicó uno de sus más famosos poemas:

Se ha ocultado la Luna. También las Pléyades. Es la media noche y las horas se van deslizando y yo duermo sola.

Mucho antes de que la poetisa de Lesbos recitara este melancólico canto (que hoy podemos escuchar en la estelar voz de la argentina Daniela Horovitz), las Siete Hermanas fueron recogidas en el mapa más antiguo de las estrellas que se ha encontrado hasta ahora. Es el llamado «disco celeste de Nebra», que fue enterrado, junto con dos espadas, dos hachas, dos brazaletes y un cincel de bronce hace alrededor de 3.600 años en el monte Mittelberg, cerca del pueblo alemán de Nebra.

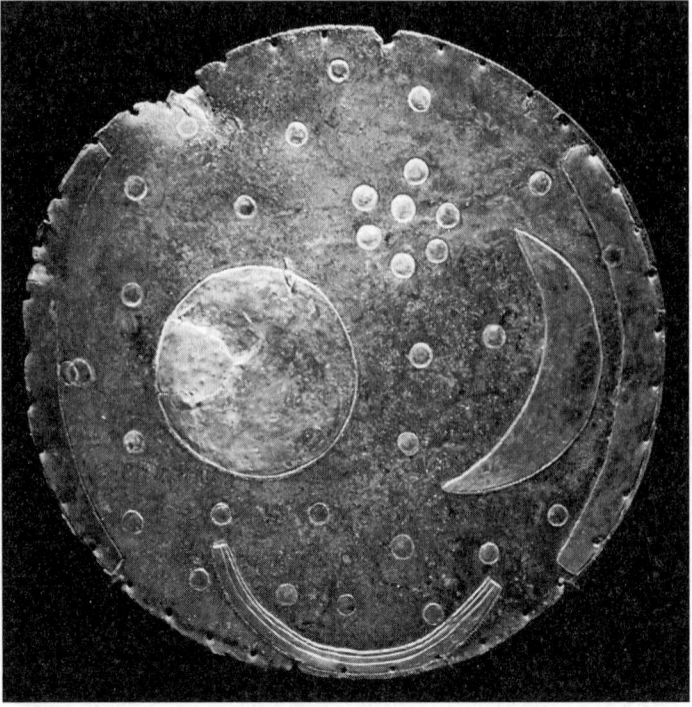

Figura 25. El disco de Nebra está considerado el mapa estelar más antiguo hallado hasta ahora. Algunos astrónomos creen que el grupo de siete estrellas juntas que están en la parte superior son una representación de las Pléyades.

El disco está fabricado en bronce y tiene unos 30 centímetros de diámetro, un tamaño algo inferior al de un antiguo disco de vinilo. En él están incrustadas unas piezas de oro: dos mayores que los arqueólogos identifican con la Luna y el Sol, y otras más pequeñas que parecen ser estrellas. Siete de ellas están agrupadas en lo que se cree que es una representación de las Pléyades.

En los bordes del disco de Nebra se encuentran otras dos incrustaciones en forma de arco, que se ha especulado que podrían servir para calcular el ángulo entre los solsticios, de modo que el conjunto sería un primitivo instrumento astronómico.

La Unesco considera que se trata de uno de los hallazgos arqueológicos más importantes del siglo XX, ya que «combina una extraordinaria comprensión de los fenómenos astronómicos con las creencias religiosas de la época, lo que permite tener una perspectiva única de los primeros saberes acerca del firmamento».

Desgraciadamente, este objeto no fue hallado por arqueólogos, sino por cazadores de tesoros, que en el año 1999 utilizaron un detector de metales en un recinto prehistórico y produjeron algunos daños al disco al extraerlo chapuceramente del suelo. Con su operación furtiva se perdió un arco y una estrella. Los saqueadores intentaron venderlo ilegalmente, aunque fueron capturados en 2003 cuando lo ofrecieron por 400.000 dólares a un coleccionista que resultó ser un policía encubierto.

Hoy se exhibe en el Museo Estatal de Prehistoria de Halle, ciudad alemana que fue cuna del músico Georg Friedrich Haendel y que hoy es también famosa por su torneo de tenis sobre hierba que se juega en el mes de junio, como preludio a la gran cita de Wimbledon. Otro atractivo del viaje será conocer la fábrica de chocolate más antigua de Alemania y algunos interesantes edificios históricos.

En cualquier caso, lo que nos ha traído a la urbe sajona son las Siete Hermanas del disco de Nebra. No podemos tener la seguridad de que los siete puntos de este primitivo objeto astronómico representaran a las Pléyades, pero no nos puede caber ninguna duda de que ese brillante grupo estelar llamó la atención de pueblos de toda la historia de la humanidad.

23.
Siete muchachas

Aunque las mitologías son muy diversas, sorprende que culturas muy alejadas entre sí imaginaran que las estrellas visibles de aquel cúmulo estelar eran siete muchachas. Los forjadores de mitos coincidieron además en que una de ellas se escondía y por eso solo seis eran visibles.

No solo eso, al igual que los griegos, mitólogos de otros pueblos pensaron que a las jóvenes las perseguía algún hombre o animal. En el caso de los helenos, el acosador era el gigante Orión.

Los maoríes llamaron al grupo «Matariki», y estaba formado por una madre con sus seis hijas. Para los sioux eran siete mujeres que huían de un oso. El *Mahabharata* las menciona como «las seis krittika», las ninfas que amamantaron a Kartikeya, el dios hindú de la guerra.

Los mayas, que basaron su calendario en el ciclo anual de las Pléyades, las denominaron Tzab-ez o «cola de serpiente de cascabel», aunque también las conocían como las Siete Hermanas. Diversas tribus aborígenes australianas creían que eran siete hermosas chicas perseguidas por hombres. Historias similares contadas por gentes de las más diversas procedencias.

Nunca podremos saber si la razón de estas coincidencias es puramente casual o bien existía un mito ancestral anterior a la dispersión de la humanidad por todo el planeta. No es la única misteriosa pervivencia de la representación humana de una constelación a través de la noche de los tiempos. Algo similar ocurre con Orión, constelación que en algún pasaje de la Biblia se asocia a Nemrod, otro cazador, o con el Marduck babilonio. Al respecto, el escritor y editor italiano Roberto Calasso hace la siguiente reflexión en su libro *El cazador celeste*:

Si la constelación es un lugar arbitrario del que se cuelgan las historias, de modo no muy distinto a como los significados se cuelgan de los sueños, no será fácil explicar por qué en el mismo gajo del cielo, no solo en Grecia sino también en Persia, en Mesopotamia, en la India, en China, en Australia y hasta en Surinam, durante milenios se han visto siempre las huellas de un Cazador Celeste que no se cansaba de observar.

Un tercer ejemplo ya lo conocemos. Es el caso de nuestro toro celestial situado precisamente junto a su gigantesco e infatigable depredador.

24.
Las ideas de Newton, derrocadas

Tras este viaje tras los mitos, vamos ahora a una expedición para ser testigos de la confirmación de uno de los mayores logros científicos alcanzados por la humanidad. Lo llevaron a cabo dos barcos y sus destinos fueron la pequeña isla del Príncipe, en el golfo de Guinea, y Sobral, en el noreste de Brasil.

El preámbulo de la historia ha sido contado en numerosas ocasiones. Un desconocido físico, empleado en la Oficina de Patentes de Berna, publica en 1905, a sus 26 años de edad, una teoría en la que, entre otras cosas, descarta la existencia de un tiempo y de un espacio absolutos en el conjunto del Universo y propone además una equivalencia matemática entre la masa y la energía. Postula también algo aún más difícil de entender: el espacio y el tiempo son aspectos distintos de una única entidad a la que llama espacio-tiempo.

Hablamos, claro está, de Albert Einstein y su Teoría de la Relatividad Especial, que diez años más tarde reformularía como la «Teoría de la Relatividad General», en la que propuso que la geometría del espacio-tiempo se ve afectada por la presencia de materia.

Pero ¿cómo podía demostrarse en la práctica todo lo que proponía la asombrosa teoría? La solución cayó del cielo. Arthur Eddington, un astrónomo del Reino Unido, país que acababa de estar en guerra con la Alemania donde vivía Einstein, planteó una elegante tentativa de verificación.

Su ingeniosa propuesta fue la de aprovechar un inminente eclipse solar para poder fotografiar las estrellas cercanas al Sol en el momento de su ocultación y comprobar si aparecían ligeramente desplazadas en el cielo respecto a su posición normal. Según predecía la teoría, la enorme masa del Sol curvaría los rayos de luz estelares y por eso en la imagen deberían aparentar haberse movido de lugar.

El eclipse solar estaba fijado para el 29 de mayo de 1919, apenas unos meses después de que se firmara el armisticio que puso fin a la Primera Guerra Mundial. Los dos barcos ya habían llegado a sus destinos, elegidos por sus situaciones idóneas para contemplar el eclipse.

Eddington, que por aquel entonces tenía 37 años y era mucho más conocido que Einstein, se dirigió a la isla del Príncipe, mientras que otro equipo científico fue a Brasil. La coordinación se llevó a cabo desde el Observatorio Astronómico de Greenwich, en Londres.

Después de los grandes y costosos preparativos, financiados por el Gobierno británico, el mal tiempo que se cernió aquel señalado día sobre la selvática isla africana, que según las guías turísticas destaca por sus picos volcánicos, sus playas idílicas y su chocolate, estuvo a punto de arruinar la gran empresa científica. Milagrosamente, el cielo se abrió unos minutos antes del eclipse, lo suficiente para que Eddington y su equipo pudieran tomar unas pocas fotografías, que sumadas a las tomadas en Sobral, aportaron la información que se buscaba.

Siete meses después se dieron a conocer los resultados del experimento. Como predecía la Teoría de la Relatividad, la luz de las estrellas se había desplazado de su posición al pasar cerca del Sol. Habréis supuesto ya, si no lo sabíais, que esas estrellas movedizas pertenecían a las Híades, en la constelación de Tauro.

Periódicos de todo el mundo se hicieron eco del éxito del experimento. *The Times* de Londres publicó: «Revolución en la Ciencia. Nueva Teoría del Universo. Derrocadas las ideas de Newton». A partir de entonces la figura de Einstein despegó, dos años después recibió el premio Nobel de Física y se convirtió en el científico más popular de la Historia.

Su breve y conocida ecuación $E = mc^2$, como explica el astrofísico Neil deGrasse Tyson, es la base de cómo todas las estrellas en el Universo han generado energía desde el principio de los tiempos.

El sabio alemán creía en el dios de Spinoza y lo comparaba a un monumental compositor en cuyas partituras no cabía el azar. En una entrevista concedida en 1929 al poeta y activista George Sylvester Viereck, expresó esta opinión: «Todo está determinado, tanto el principio como el fin, por fuerzas que escapan a nuestro control. Está determinado tanto para el insecto como para la estrella. Seres humanos, vegetales o polvo cósmico, todos bailamos al son de una melodía invisible, entonada a lo lejos por un músico misterioso».

25.
Hágase la oscuridad

Hasta muy recientemente la humanidad podía disfrutar de una visión clara y completa del firmamento. Hoy, en muchos lugares nadie podría ver las Híades como las pudo retratar la expedición de Eddington. Desde que Thomas Edison inventó la luz eléctrica en 1879, esta se ha adueñado de los edificios y calles de todas las grandes ciudades. La penumbra ha sido derrotada.

La iluminación nos ha aportado indudables avances como más seguridad y la posibilidad de trabajar en horas imposibles. Ha servido también para vencer el temor a la noche, uno de los temores que han angustiado al ser humano desde que el mundo es mundo y que ha poblado su mente de monstruos y pesadillas.

Sin embargo, algo se ha perdido por el camino. Los estrelleros urbanos apenas pueden divisar unas pocas estrellas cuando miran a lo alto. Si a simple vista es posible ver hasta unos 2.600 luceros en un lugar apartado, sin nubes ni Luna, en las grandes ciudades no pasan de 150 las estrellas visibles. La contaminación lumínica no solo nos impide disfrutar del cielo nocturno, sino que causa otros males no tan conocidos.

Por ejemplo, afecta a los ritmos circadianos que nos permiten distinguir entre el día y la noche, la luz y la oscuridad. Algunas plantas, insectos polinizadores, aves migratorias y otros animales se ven perturbados por esos resplandores que les privan de la orientación o de disfrutar del tiempo de descanso que regalan las tinieblas. Ciertos ecosistemas pueden desequilibrarse por la contaminación lumínica. Cuando la generación de electricidad proviene de combustibles fósiles contribuye, además, al preocupante calentamiento del clima.

La filósofa italiana Francesca Rigotti lamenta en su libro *Sobre la oscuridad* que la penumbra haya sido desterrada, eliminada y asesinada en numerosas zonas del planeta, como si eliminarla fuera algo incondicionalmente bueno. Como si para vivir bien todo tuviera que estar iluminado.

«¿Hay demasiada luz en la Tierra? Sí, hemos ido demasiado lejos, hemos exagerado. Deberíamos detenernos», reclama esta pensadora nacida en Clemenza.

Nuestro miedo innato a la noche y a la oscuridad, sumado a la expansión imparable de las conurbaciones urbanas, ha provocado que el resplandor de los neones sea omnipresente en muchos lugares de la Tierra. Por eso cobra más valor la reivindicación de la negrura por parte de Rigotti que proclama:

Todos sabemos que la oscuridad es hermosa. La oscuridad de la intimidad de la introspección de la meditación. La oscuridad de la calma nocturna y del reposo. Si la luz alimenta la razón, la oscuridad habita en las regiones de la imaginación. Mientras que la luz excita el pensamiento, la oscuridad calma la mente ansiosa y es fuente de ideas inalcanzables a la clara luz del día.

Por supuesto, la profesora italiana no es la única en quejarse de que el imperio de la luz nos esté impidiendo mirar las estrellas. En su *Manifiesto por la oscuridad*, el ecólogo sueco Johan Eklöf sostiene que vivimos en un *jet lag* permanente debido a la sobreabundancia de fotones artificiales. A causa del exceso de luces artificiales dormimos peor, se alteran nuestros ritmos circadianos, nuestros ciclos hormonales y el sistema inmunitario. Animales y plantas padecen el mismo problema.

«Hoy, la luz artificial hace que numerosos pájaros canten en plena noche, desorienta a las crías de tortuga y las guía en la dirección equivocada, o interfiere en el ritual de apareamiento de los corales bajo la luz de la Luna», advierte este científico nórdico.

Desde una perspectiva astronómica, el vietnamita Trinh Xuan Thuan lamenta que la luz artificial, de la que reconoce las múltiples ventajas que ha aportado a la actividad humana, esté empobreciendo nuestra relación con el mundo y provocando la pérdida del íntimo contacto que nuestros ancestros poseían entre el cielo y la naturaleza. Un tercio de la

Estrellería

humanidad, recuerda Thuan en su libro *La noche*, nunca podrá paladear el espectáculo mágico del arco de la Vía Láctea.

Al estrellero coreano, autor de *La melodía secreta del Universo*, le duele que los niños de las ciudades no alcen su mirada al cielo y le parte el corazón constatar que el observatorio del Monte Wilson, donde el astrónomo estadounidense Edwin Hubble descubrió en 1923 la naturaleza de las galaxias, y en 1929 la expansión del Universo, sentando así las bases de la teoría del Big Bang, ya no pueda utilizarse para observar las galaxias lejanas, de tan cegadoras que pueden ser las luces de la vecina ciudad de Los Ángeles.

Aunque quedan aún cielos prístinos en buena parte de nuestra gran canica azul, una imagen nocturna del planeta elaborada por la NASA muestra que en buena parte de Europa y Estados Unidos es muy difícil ya contemplar el espectáculo de una noche clara y poblada de estrellas.

Ante ese problema se va despertando la conciencia de que hay que emprender acciones para frenar la proliferación de la luz artificial y reducir su impacto. Para ello, se propone, por ejemplo, evitar las lámparas que enfocan hacia arriba y sustituir la luz blanca por otras tonalidades más cálidas, colocar sensores, así como apagar o limitar el alumbrado nocturno cuando no es necesario.

Esta última medida ya la aplican en muchos lugares de Francia, donde se creó la red de «Ciudades y Pueblos con Estrellas» que apagan sus luces en las horas centrales de la noche.

Organizaciones como la estadounidense DarkSky o la canaria Fundación Starlight tienen como cometido proteger aquellos afortunados lugares libres de contaminación, emitiendo certificados que avalan que son zonas idóneas para observar las estrellas. DarkSky concedió en 2007 su primer título de reserva del cielo estrellado a un área de 5.500 kilómetros cuadrados en torno al observatorio ASTROLab en el monte Mégantic, en la provincia canadiense de Quebec. Desde entonces se ha ido incrementado el número de parajes oscuros protegidos.

Aunque las declaraciones de reserva del cielo estrellado tienen un cierto componente de promoción turística para atraer a los viajeros aficionados a la estrellería, ejercen como contrapartida un efecto de protección contra la invasión de la contaminación lumínica. Puedo asegurar que en Menorca, declarada reserva por la Fundación Starlight, existen algunas zonas concretas donde solo la luz de la Luna y las estrellas desnuda la oscuridad. El marchamo supone un compromiso de las autoridades locales que les obliga a tomar las medidas necesarias para evitar intrusiones lumínicas permanentes en los espacios de oscuridad.

Más allá de estas iniciativas, algunas voces reclaman que los cielos estrellados sea declarados Patrimonio Inmaterial de la Humanidad.

En el año 1994, la ciudad canaria de La Laguna acogió una reunión de expertos de la Unesco y el Equipo Cousteau que redactaron la Declaración Universal de los Derechos de las Generaciones Futuras, en la cual se dice lo siguiente:

Estrellería

Las personas pertenecientes a las generaciones futuras tienen derecho a una tierra indemne y no contaminada, comprendido el derecho a un cielo puro; tienen derecho a disfrutar de esta Tierra que es el soporte de la historia de la humanidad, de la cultura y de los lazos sociales, lo que asegura a cada generación y a cada individuo su pertenencia a la gran familia humana.

26.

El arte de mirar los cielos

Desde Cabo Cañaveral, en Florida, la NASA lanzó el 2 de marzo de 1972 la sonda Pioneer 10, la primera dirigida más allá de los límites del Sistema Solar. En diciembre de 1973 pasó cerca de Júpiter y envió a la Tierra imágenes de su atmósfera.

La última y débil señal de esta nave, famosa porque lleva un disco con un simbólico mensaje de la humanidad a una eventual civilización extraterrestre, fue recibida el 23 de enero de 2003, cuando estaba a 12.000 millones de kilómetros de la Tierra. Sin embargo, esta sonda de aluminio, que pesa poco más de 250 kilogramos, continúa inmutable su viaje por el espacio. Dentro de unos 1.690.000 años se espera su llegada a Aldebarán.

Es un largo paseo del que nosotros nos vamos a despedir. Esta pequeña guía Estrella Solitaria de viajes alrededor de Tauro tiene que llegar a su final. Robert L. Stevenson, que enriqueció nuestras infancias con las aventuras de Jim Hawkins y John Silver, advertía que viajar esperanzado es mejor que llegar. Hemos disfrutado del placer de visitar algunos lugares maravillosos, pero también tenemos que gozar del final de este periplo y la llegada a casa.

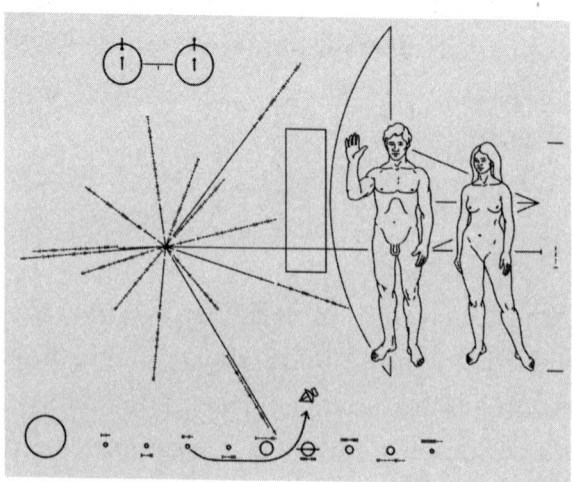

Figura 26. La placa que transporta la Pioneer 10 para dar información a los extraterrestres fue diseñada por Carl Sagan y Frank Drake y dibujada por Linda Salzman Sagan. A la derecha se puede ver la representación de un hombre y una mujer, basada en las figuras de Leonardo da Vinci y las esculturas griegas. La parte inferior es un esquema de nuestro Sistema Solar. La flecha marca que la nave procede de la Tierra. Las líneas de la izquierda intentan marcar nuestra dirección en el Universo. El punto sería el Sol, y las líneas, los pulsares más significativos cercanos a nuestro Sistema Solar.

Es buen momento para mirar arriba. Aunque vivamos en una ciudad siempre podemos encontrar alguna ocasión para buscar un lugar donde las luces urbanas no impidan que juguemos al estrellismo, el arte de mirar los cielos.

Vayamos con nuestros amigos, hijos o nietos, muchos de ellos niños de las ciudades, a mirar las constelaciones y contar algunas de sus leyendas. No importa conocerlas todas, ni siquiera las más destacadas, basta que en el bolsillo llevemos una de esas varitas mágicas que todo lo saben, convenientemente cargada con una aplicación astronómica.

En la mochila del buen estrellero también hay espacio para unos prismáticos y un puntero láser, de luz verde de alto alcance, con el que podremos enriquecer la experiencia de observación de las figuras celestes.

Con un poco de imaginación y atención podemos escuchar esa música sideral de la que nos hablaban Einstein y Antoine de Saint-Exupéry.

Animemos a los más pequeños a que se aficionen a la contemplación estelar. Las gentes de la Antigüedad lo hacían, y el movimiento de las estrellas los llevó por un camino de conocimiento del mundo físico. El ejemplo de Tauro lo demuestra. De la figura de un toro del cielo que dibujaron los cavernícolas de Lascaux, y a las que los babilonios atribuyeron poderes sobrenaturales, se pasó al Cosmos armonioso de Ptolomeo. Apuntando su catalejo, Galileo descubrió que en los cielos ocurrían cosas inesperadas, como que la Tierra no era la única en tener un planeta, que la Luna no era una esfera perfecta, como se creía desde que lo proclamó Aristóteles, sino que estaba llena de cráteres, y que las Pléyades no eran seis, ni siquiera siete, sino que eran más. Telescopios más potentes demostraron que lo que vemos en el cielo nocturno es solo una ínfima parte. Sabemos hoy que cientos de millones de estrellas surcan nuestra galaxia, la Vía Láctea, y que esta no está sola, sino que es una entre un billón, cada una de ellas repleta de miríadas de soles y planetas.

Además de darnos algunos asomos de la melodía secreta del Universo, Aldebarán y sus compañeras del mismo gajo de la bóveda celeste nos explican la belleza del firmamento. Los ojos de la noche nos invitan al sueño y a la creación. Quién sabe si en esas estrellas a las que dirigimos nuestra vista hay algún planeta donde moran estrelleros que miran hacia nosotros fascinados por una inédita constelación de la que forma parte nuestro Sol.

El arte de la estrellería reúne la visión cósmica de los antiguos con la de la física actual. Un firmamento poblado por osas, cazadores, dioses y toros gigantes, y al mismo tiempo el producto de un gran estallido primigenio que dio origen a grandes nubes de polvo y gas. Un cielo donde la emoción colorista de Vincent se une a las matemáticas y al espacio-tiempo de Albert. Una noche estrellada, patrimonio de todos los seres vivos, para viajar más allá con la razón, la pasión, el misterio y la imaginación.

Créditos de las imágenes

Figura 1. Naveta des Tudons. Foto de Antoni Cladera.

Figura 2. La constelación de Tauro. Elaboración propia a partir de una imagen del estudio gráfico Alfabeto.

Figura 3. Imagen nocturna de Cala Mesquida en Menorca. Foto de Marga Pons Castejón.

Figura 4. Aldebarán y el Sol. (De Mysid - Image: Aldebaran-Sun comparison.svg by Mysid, dominio público, https://commons.wikimedia.org/w/index.php?curid=3139676).

Figura 5. Detalle de un toro de las cuevas de Lascaux. Foto de Michael A. Rappenglück.

Figura 6. Orión y Tauro en el *Atlas Coelestis*. (De James Thornhill - Atlas Coelestis, dominio público, https://commons.wikimedia.org/w/index.php?curid=15180882).

Figura 7. El cielo de Salamanca. (De Terencio, CC BY-SA 4.0, https://commons.wikimedia.org/w/index.php?curid=116421730).

Figura 8. Ilustración del libro *Las muy ricas horas del Duque de Berry* de 1416. (De Hermanos Limbourg, dominio

público, https://commons.wikimedia.org/w/index.php?
curid=108849).

Figura 9. La rueda de las constelaciones. (De Cresques Abraham - https://www.loc.gov/resource/g3200m.gct00215/
?sp=1&st=list, dominio público, https://commons.wiki
media.org/w/index.php?curid=62440568).

Figura 10. *Mapa del cielo*, de Durero. (Metropolitan Museum of Art, Harris Brisbane Dick Fund, 1951. Creative Commons Genérica de Atribución/Compartir-Igual 2.0.).

Figura 11. *El rapto de Europa*, de Tiziano. (De Tiziano - http://www.gardnermuseum.org/collection/artwork/
3rd_floor/titian_room/europa?filter=artist:3150, dominio público, https://commons.wikimedia.org/w/index.
php?curid=159563).

Figura 12. Telescopio de Galileo. (De Alessandro Nassiri per Museo scienza e tecnologia Milano - Museo Nacional de Ciencia y Tecnología Leonardo da Vinci, CC BY-SA 4.0, https://commons.wikimedia.org/w/index.
php?curid=48703078).

Figura 13. Página de *La gaceta sideral* de Galileo. (De History of Science Collections, University of Oklahoma Libraries - http://hos.ou.edu/galleries/17thCentury/Gali
leo/1610/Galileo-1610-016c-r%20-%20Version%20
2-image/, CC BY 1.0, https://commons.wikimedia.
org/w/index.php?curid=29540215).

Figura 14. Representación de las Pléyades con base en un estudio gráfico de Alfabeto.

Figura 15. Sala del Mapamundi de Villa Farnesio. (Etienne (Li), CC BY-SA 4.0, https://creativecommons.org/licen ses/by-sa/4.0, vía Wikimedia Commons).

Figura 16. *La noche estrellada*, de Van Gogh. (De Vincent van Gogh - bgEuwDxel93-Pg - Google Arts & Culture, dominio público, https://commons.wikimedia.org/w/index.php?curid=25498286).

Figura 17. Tauro en la *Uranometria* de John Bayer. (Con autorización de Linda Hall Library of Science, Enginee-ring & Technology).

Figura 18. Habitación de Çatal Huyuk. (De Elelicht, CC BY-SA 3.0, https://commons.wikimedia.org/w/index. php?curid=22743701).

Figura 19. Toro hallado en Torralba d'en Salort. Foto: Museu de Menorca.

Figura 20. Planisferio celeste de Su Song. (De Pericles-ofAthens - Science and Civilisation in China, Volume 3 by Joseph Needham, dominio público, https://commons.wikimedia.org/w/index.php?curid=2561961).

Figura 21. Dibujo de Tauro en el *Libro de las estrellas fijas*. (Abd al-Rahman al-Sufi, CC BY-SA 2.0, https://crea tivecommons.org/licenses/by-sa/2.0, vía Wikimedia Commons).

Figura 22. *Zodiacus Stellatus*, de Edmund Halley. (De John Senex - https://www.raremaps.com/gallery/detail/57405/ zodiacus-stellatus-fixas-omnes-hactenus-cognitas-ad-quas-lu-senex, dominio público, https://commons.wiki media.org/w/index.php?curid=92538766).

Figura 23. El cometa Halley en el Tapiz de Bayeux. (De Myrabella, dominio público, https://commons.wikimedia. org/w/index.php?curid=25336523).

Figura 24. El *Atlas Farnesio* del Museo Arqueológico de Nápoles. (De Lalupa, CC BY-SA 4.0, https://commons.wiki media.org/w/index.php?curid=3155470).

Figura 25. Disco de Nebra. (De Dbachmann, CC BY-SA 3.0, https://commons.wikimedia.org/w/index.php? curid=1500795).

Figura 26. Placa de la Pioneer 10. Imagen: Vectors by Oona Räisänen (Mysid); designed by Carl Sagan & Frank Drake; artwork by Linda Salzman Sagan - Vectorized in CorelDRAW from NASA.

Bibliografía celestial

Bachelard, Gaston. *El aire y los sueños. Ensayo sobre la imaginación en movimiento.* Fondo de Cultura Económica, 2018.

Balbi, Amedeo. *Seconda stella a destra. Vite semiseri di astronomi illustri.* De Agostini, 2010.

Brooke-Hitching, Edward. *Atlas del cielo.* Blume, 2023.

Capsir, Ana. *Navegando por el cielo: Cuentos de dioses y estrellas.* La Maga Ediciones, 2021.

Cervantes, Miguel. *El ingenioso hidalgo don Quijote de la Mancha.* Edición de la Real Academia Española de la Lengua. Alfaguara, 2015.

Clark, Stuart. *Bajo el cielo nocturno: Una historia de la humanidad a través de nuestra relación con las estrellas.* Koan Libros, 2022.

Cline, Eric H. *Tres piedras hacen una pared. Historias de la arqueología.* Editorial Crítica, 2018.

Cossard, Guido. *Bajo el signo del toro. Una interpretación astronómica y cultural.* Fondo de Cultura Económica, 2022.

Cunqueiro, Álvaro. *Fábulas y leyendas de la mar.* Tusquets, 1982.

Ducrocq, Albert. *Mémoires d'une comète.* Plon, 1985.

Delumeau, Jean. *El miedo en Occidente.* Taurus, 2019.

Eklöf, Johan. *Manifiesto por la oscuridad. Cómo la contaminación lumínica amenaza nuestros ritmos de vida.* Rosamerón, 2023.

Galileo Galilei. *La gaceta sideral.* Alianza Editorial, 2011.

García Gómez, Emilio. *Poemas arabigoandaluces.* Espasa-Calpe, 1943.

Heifetz, Milton D. y Tirion, Will. *Un paseo por las estrellas.* Ediciones Akal, 2022.

Hesíodo. *Trabajos y días.* Traducción de Adelaida y María Ángeles Martín Sánchez. Alianza Editorial.

Hinckley Allen, Richard. *Star Names. Their Lore and Meaning.* Dover Publications, 1963.

Hochsieder, Peter y Knösel, Doris. *Les taules a Menorca. Un estudi arqueo-astronòmic.* Institut Menorquí d'Estudis, 1995.

Joven, Enrique. *Estrellas por un tubo. Una historia diferente de la astronomía.* Roca Editorial, 2022.

Krauss, Lawrence. *Un universo de la nada. El origen sin creador.* Editorial Pasado & Presente, 2013.

Kunth, Daniel y Zarka, Phillippe. *L'astrologie est-elle une imposture?* CNRS Éditions, 2018.

Lem, Stanislaw. *Diario de las estrellas.* Alianza Editorial.

Le Quellec, Jean-Loïc. *Avant nous le déluge! L'humanité et ses mythes.* Éditions du Détour, 2022.

López-Otín, Carlos y Kroemer, Guido. *El sueño del tiempo.* Paidós, 2020.

Luminet, Jean-Pierre. *Les nuits étoilées de Vicent Van Gogh.* Éditions Seghers, 2023.

Martínez Frías, José María. *Sobre el cielo de Salamanca.* Ediciones Universidad de Salamanca, 2017.

Pastoureau, Michel, *Le taureau. Une histoire culturelle.* Éditions du Seuil, 2020.

Pellequer, Bernard. *Guía del cielo.* Alianza Editorial, 2011.

Pérez-Verde, Antonio. *Por qué mirábamos las estrellas.* Cálamo, 2022.

Raymo, Chet. *365 starry nights. An introduction to astronomy for every night of the year.* Simon & Schuster, 1982.

Reeves, Hubert. *Poussières d'étoiles.* Éditions du Seuil, 2008.

—, *Una pequeña historia para entender el universo,* Editorial Comanegra, 2011.

Ridpath, Ian. *Star Tales.* Universe Books, 1998.

Rigotti, Francesca. *Sobre la oscuridad.* Alianza Editorial, 2022.

Sagan, Carl. *Cosmos.* Editorial Planeta, 1991.

Saint-Exupéry, Antoine de. *El principito.* Alianza Editorial.

Scharf, Caleb. *El complejo de Copérnico. Nuestra relevancia cósmica en un universo de planetas y probabilidades.* Biblioteca Buridán, 2016.

Shakespeare, William. *El rey Lear.* Alianza Editorial.

Thuan, Trinh Xuan. *La noche. Un maravilloso viaje del crepúsculo al alba.* Editorial Paidós, 2018.

—, *Dictionnaire amoureux du Ciel et des Étoiles*. Plon/Fayard, 2009.

Tyson, Neil deGrasse. *Mensajero de las estrellas*. Editorial Ariel, 2023.

Vernet, Juan. *Astrología y astronomía en el Renacimiento. La revolución copernicana*. Editorial Ariel, 1974.

Webb, Edmund J. *Los nombres de las estrellas*. Fondo de Cultura Económica, 1957.

Su opinión es importante.
En futuras ediciones, estaremos encantados
de recoger sus comentarios sobre este libro.

Por favor, háganoslos llegar a través de nuestra web:

www.plataformaeditorial.com

Para adquirir nuestros títulos,
consulte con su librero habitual.

«I cannot live without books».
«No puedo vivir sin libros».
THOMAS JEFFERSON

Desde 2013, Plataforma Editorial planta un árbol
por cada título publicado.

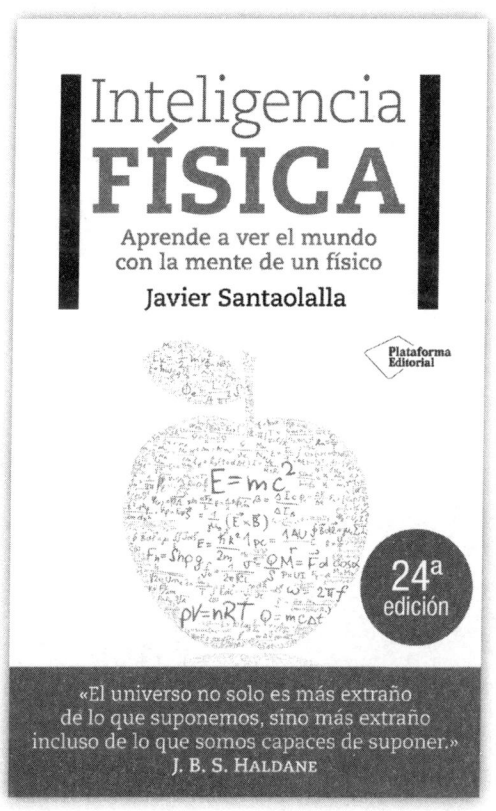

Inteligencia
FÍSICA
Aprende a ver el mundo
con la mente de un físico
Javier Santaolalla

Plataforma
Editorial

24ª
edición

«El universo no solo es más extraño
de lo que suponemos, sino más extraño
incluso de lo que somos capaces de suponer.»
J. B. S. HALDANE

Un libro que nos anima a comprender,
como señalaba el gran físico Richard Feynman,
que el mundo es más bello cuando se observa
con las gafas de la ciencia.